D1728420

SpringerWienNewYork

Baukonstruktionen
Band 4

Herausgegeben von
Anton Pech

Anton Pech
Andreas Kolbitsch

Wände

unter Mitarbeit von
Alfred Pauser
Gerhard Koch
Christian Pöhn
Walter Potucek
Karlheinz Hollinsky

SpringerWienNewYork

Dipl.-Ing. Dr. techn. Anton Pech
Univ.-Prof. Dipl.-Ing. Dr. techn. Andreas Kolbitsch
Wien, Österreich

unter Mitarbeit von

em. O.Univ.-Prof. Baurat hc. Dipl.-Ing. Dr. Alfred Pauser
Dipl.-Ing. Gerhard Koch
Dipl.-Ing. Dr. Christian Pöhn
HR. Dipl.-Ing. Dr. Walter Potucek
Dipl.-Ing. Dr. Karlheinz Hollinsky
Wien, Österreich

Der Abdruck der zitierten ÖNORMen erfolgt mit Genehmigung des Österreichischen
Normungsinstitutes, Heinestraße 38, 1020 Wien.
Benutzungshinweis: ON Österreichisches Normungsinstitut, Heinestraße 38, 1020 Wien,
Tel. ++43-1-21300-805, Fax ++43-1-21300-818, E-mail: sales@on-norm.at.

Textkonvertierung und Umbruch: Grafik Rödl, 2486 Pottendorf, Österreich
Druck und Bindearbeiten: Druckerei Theiss GmbH, 9431 St. Stefan, Österreich

Gedruckt auf säurefreiem, chlorfrei gebleichtem Papier – TCF
SPIN: 10999882

Mit zahlreichen (teilweise farbigen) Abbildungen

Bibliografische Information Der Deutschen Bibliothek
Die Deutsche Bibliothek verzeichnet diese Publikation in der Deutschen Nationalbibliografie,
detaillierte bibliografische Daten sind im Internet über <http://dnb.ddb.de> abrufbar.

ISSN 1614-1288
ISBN 3-211-21498-4 SpringerWienNewYork

VORWORT ZUR 1. AUFLAGE

Die Fachbuchreihe Baukonstruktionen mit ihren 17 Basisbänden stellt eine Zusammenfassung des derzeitigen technischen Wissens bei der Errichtung von Bauwerken des Hochbaues dar. Es wird versucht, mit einfachen Zusammenhängen oft komplexe Bereiche des Bauwesens zu erläutern und mit zahlreichen Plänen, Skizzen und Bildern zu veranschaulichen. Als maßgebliche Elemente der Gebäudehülle sowie zur Lastabtragung, Aussteifung und zur Raumabgrenzung im Inneren sind Wandkonstruktionen ein wesentlicher Teil aller Hochbaukonstruktionen.

Der Band „Wände" der Fachbuchserie Baukonstruktionen gibt eine Einführung zu den wesentlichen Entwurfsparametern bei der Bemessung und bauphysikalischen Auslegung von Wandelementen. Ausgehend von gemauerten Wänden werden die aktuellen Bemessungsansätze behandelt. Weitere Abschnitte sind quasihomogenen und homogenen Wänden, Stützen in unterschiedlichster Ausführungsform sowie Holzwänden gewidmet. Der Band wird durch eine Darstellung der aktuellen Trennwandkonstruktionen in Massiv- und Leichtbauweise abgerundet.

Durch die derzeitige Normenentwicklung in der Bemessung und Dimensionierung von Mauerwerk, das im Wandbau einen maßgebenden wirtschaftlichen Anteil besitzt, sind mit Erscheinen einer harmonisierten europäischen Norm Erweiterungsbände über „Mauerwerkskonstruktionen" sowie über die „Konstruktion und Bemessung von Mauerwerk bei Erdbebeneinwirkung" geplant.

Fachbuchreihe BAUKONSTRUKTIONEN

 Band 1: Bauphysik

 Band 2: Tragwerke

 Band 3: Gründungen

 Band 4: Wände

> ▶ Grundlagen
> ▶ Gemauerte Wände
> ▶ Homogene Wände
> ▶ Pfeiler und Stützen
> ▶ Holzwände
> ▶ Trennwände

 Band 5: Decken

 Band 6: Keller

 Band 7: Dachstühle

 Band 8: Steildach

 Band 9: Flachdach

 Band 10: Treppen / Stiegen

 Band 11: Fenster

 Band 12: Türen und Tore

 Band 13: Fassaden

 Band 14: Fußböden

 Band 15: Heizung und Kühlung

 Band 16: Lüftung und Sanitär

 Band 17: Elektro- und Regeltechnik

INHALTSVERZEICHNIS

040.1 GRUNDLAGEN

Wände sind wie Decken und Fußböden Raumbildner. Sie trennen entweder einzelne Räume unterschiedlicher Nutzung voneinander oder schützen vor Einflüssen der Umwelt. Ihre Funktion kann sich ausschließlich auf die Raumtrennung oder Fassadenbildung beschränken oder aber, über ihre Eigenlast hinaus, auch auf die Abtragung von Deckenlasten oder Lasten aus darüber liegenden Geschoßen erstrecken.

Abbildung 040.1-01: Wandarten schematisch

- **AUSSENWAND**
- **INNENWAND**

- **TREPPENHAUSWAND**
- **FEUERMAUER**
- **KELLERAUSSENWAND**

- **TRENNWAND**
- **ZWISCHENWAND**

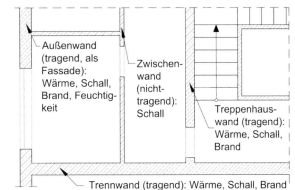

Statische und bauphysikalische Anforderungen orientieren sich an der Tragstruktur, der Raumnutzung und den Gestaltungswünschen. So wird das Sicherheitsbedürfnis sowohl im Hinblick auf das statische Verhalten (Tragfähigkeit) als auch den wichtigen Aspekt des Brandschutzes durch eine adäquate Konstruktion erfüllt. Durch die Wärmedämmung und Wärmespeicherung wird das Bedürfnis nach einem behaglichen Raumklima befriedigt und durch Einhaltung von Grenzwerten der Schalldämmung die Sensibilität bezüglich akustischer Reize bis hin zum gesundheitlichen Aspekt berücksichtigt. Das ästhetische Empfinden der Nutzer wird wiederum durch die Gestaltung und Oberflächenbehandlung der Wände angesprochen.

Die vielfältigen und immer noch steigenden bauphysikalischen Anforderungen führten im Laufe der Zeit zu einer Trennung der Funktionen „Tragen" und „Dämmen". Dadurch kann auf gegenläufige Anorderungen mit hoher Effizienz in der Ausnützung der Baumaterialien reagiert werden. So führt eine große Rohdichte einerseits zu hohen Festigkeits- und Schallschutzwerten sowie einer guten Wärmespeicherung, mindert aber andererseits im gleichen Maße die Wärmedämmung.

Nach der Art der Beanspruchung wird in tragende und nichttragende Wände unterschieden, nach der Lage im Grundriss in Innen- und Außenwände. Damit ist auch eine Differenzierung nach bauphysikalischen Gesichtspunkten verbunden.

040.1.1 WANDSYSTEME

Wände gehören zu jenen Konstruktionen, die bei unsachgemäßer Planung und Ausführung besonders schadensanfällig sein können. Die Ursache dafür liegt einerseits in der zunehmenden Komplexität des Aufbaues sowie dem Langzeit- und Interaktionsverhalten der verwendeten Baustoffe, andererseits im Bereich bauphysi-

kalischer Wechselbezüge. Der grundsätzliche Wandaufbau einer tragenden Außenwand besteht aus mehreren Schichten.

- Wetterschutzschicht,
- Trag- und Dämmschichten,
- innere Sichtschicht.

Tragende Wände werden hergestellt aus:

- Mauerwerk,
- Mantelbeton und Schalsteinmauerwerk,
- Beton/Leichtbeton – bewehrt oder unbewehrt.

Die Tragfunktion kann auch von einem Tragskelett aus Stahlbeton, Stahl oder Holz
übernommen werden.

Abbildung 040.1-02: Wandaufbauten

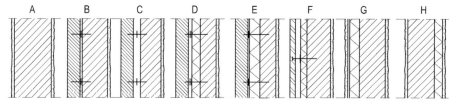

A. **HOMOGENE WAND**
B. **ZWEISCHALIGE WAND OHNE LUFTSCHICHT**
C. **ZWEISCHALIGE WAND MIT LUFTSCHICHT**
D. **ZWEISCHALIGE WAND MIT LUFTSCHICHT UND WÄRMEDÄMMUNG**
E. **ZWEISCHALIGE WAND MIT KERNDÄMMUNG**
F. **ZWEISCHALIGE WAND MIT WÄRMEDÄMMUNG UND HINTERLÜFTETER
   WETTERSCHUTZSCHALE**
G. **WAND MIT THERMOHAUT ODER WÄRMEPUTZ**
H. **EINSCHALIGE WAND MIT INNENDÄMMUNG**

Nach dem Gebäudekonzept lassen sich folgende Grundstrukturen der Tragfunktionen
unterscheiden:

- tragende Längswände,
- tragende Querwände,
- tragende Längs- und Querwände,
- Skelettbau – Wände nichttragend.

Abbildung 040.1-03: Tragfunktionen Wände

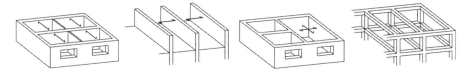

Im Skelettbau wird der flächenbildende Wandteil als selbsttragendes Element (z.B.
Sandwichplatte) oder als Leichtschale auf Unterkonstruktion (z.B. Trapezprofile,
Leichtmetallschale) ausgeführt.

040.1.2 STATISCHE ANFORDERUNGEN

Das Zusammenwirken von Decke und Wand innerhalb der Tragstruktur bewirkt für beide Bauteile Beanspruchungen als Scheibe wie auch als Platte. Die wesentlichsten Einwirkungen, das sind

- Vertikalkräfte aus Eigengewicht und Nutzlasten,
- Horizontalkräfte aus der Ableitung der Wind- und Erdbebenkräfte in Wandlängsrichtung,

beanspruchen die Wand als *Scheibe* (Wirkungslinie der Kräfte liegt in der Wandebene). Weiters werden Wände durch Biegemomente zufolge Lastexzentrizitäten, durch Windkräfte quer zur Wand und durch eingeprägte Momente aus der Wirkung eingespannter Decken beansprucht.

Damit verbunden ist auch eine *Platten*-Tragwirkung. Diese ist jedoch nicht immer in vollem Umfang gesichert, sollte aber zumindest konstruktiv berücksichtigt werden. Zur Beurteilung der Stabilität ist zwischen räumlicher Stabilität und Stabilität von Bauteilen zu unterscheiden. Eine räumliche Stabilität, d.h. die Fixierung der Knoten der Tragstruktur, wird durch Aussteifungselemente (z.B. Aussteifungswände, Rahmen, Bauwerkskerne) besonders in Verbindung mit schubsteifen Decken erreicht. Bei Fertigteil-Decken ist deshalb die Anordnung eines Verschließungsrostes zur Gewährleistung einer Scheibentragwirkung notwendig.

Abbildung 040.1-04: Zusammenwirken Wand/Decke – Tragwirkung Wand

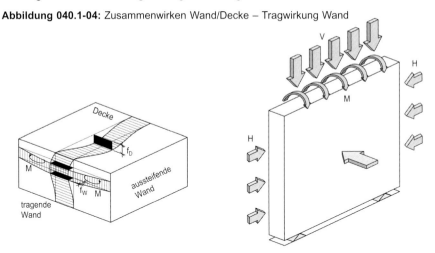

Abbildung 040.1-05: Statisches Tragmodell – Wand/Decke

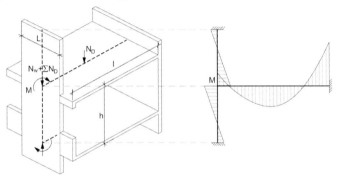

Die Bauteilstabilität, d.h. die Sicherung gegen Stabilitätsversagen von Bauteilen (z.B. Knicken, Kippen, Beulen), wird durch Einhaltung von baustoff- und querschnittsabhängigen Schlankheitsgrenzen oder Festhaltungen im Verband mit anderen Bauteilen erzielt.

Entscheidend für die Eignung eines Wandbaustoffes im Geschoßbau ist seine Festigkeit. Grundsätzlich wird unterschieden zwischen gemauerten Wänden und Wänden aus Mantelbeton, unbewehrtem Beton sowie Stahlbeton.

Bei der Verbindung von massiven Tragelementen wie Wänden und Decken bzw. Wänden untereinander ist immer auf eine kraftschlüssige Ausbildung der Verbindungen zu achten. Dies gilt besonders für Mauerwerk hinsichtlich einer ausreichenden Verzahnung und der Wirkung von Auflasten zur Überdrückung von Zugspannungen.

Tabelle 040.1-01: Verbindungsbeispiele bei Wänden in Massivbauart [4]

Für die Konstruktion von tragenden Wänden stehen im Wesentlichen vier Bauweisen zur Verfügung:

Gemauerte Wand

Gemauerte Wände subsumieren alle jene Wandbausysteme, bei denen die tragende Funktion hauptsächlich durch den Wandbaustein erfüllt wird. Vom klassischen Ziegel- und Natursteinmauerwerk über zementgebundene Baustoffe, Kalksandsteine und Porenbeton findet und fand eine Vielzahl von Produkten Anwendung.

Quasihomogene Wand

Ihr wichtigster Vertreter ist die Mantelbetonwand, eine Wand aus Ortbeton, gebildet aus Schalsteinen oder Schalplatten, denen außer der Aufnahme des Schalungsdrucks in der Regel auch die Erfüllung anderer Funktionen zukommt. Hierzu zählen auch Ausfachungen in Massivbauweise (gefasstes Mauerwerk), die besondere statische Aufgaben zu erfüllen haben, z.B. die Abtragung konzentrierter Lasten oder die Ableitung von Horizontalkräften.

Homogene Wand

Die Herstellung erfolgt in Ortbeton- oder Fertigteilbauweise, die, hauptsächlich als Scheibe mit Öffnungen (Lochwand) wirkend, erforderlichenfalls auch zur Abfangung großer Lasten über größere Stützweiten gewählt wird.

Riegelbauweise

Es wird, entweder aus Stahl oder Holz, ein Traggerüst hergestellt, das dann mit feuerfesten Materialien beplankt wird. Der Hohlraum wird üblicherweise mit Wärmedämmung versehen.

040.1.3 BAUPHYSIKALISCHE ANFORDERUNGEN

Bei der Auswahl des Wandbildners ist immer der bauphysikalische Aspekt im Auge zu behalten. Die Wechselwirkung: Festigkeit – Wärmedämmung – Wärmespeicherung – Schalldämmung – Brandschutz führt je nach der Bewertung der einzelnen Komponenten entweder zu einem integrierten Wandaufbau oder zu einer Entkoppelung unter Nutzung der optimalen Wirkung zweier (oder mehrerer) Baustoffe. Einer der häufigsten Wandbaustoffe neben dem Ziegel ist der Beton. Er wird nicht nur als einziger Baustoff für die homogene Wand verwendet, sondern findet auch in Form von zementgebundenen Mauersteinen in der gemauerten Wand und als Füllbeton in der quasihomogenen Wand seine Anwendung.

040.1.3.1 FEUCHTIGKEITSSCHUTZ

Die Hauptaufgabe des Feuchtigkeitsschutzes besteht darin, die Einwirkung von Feuchtigkeit auf den Baustoff so weit zu regulieren, dass über den jahreszeitlichen Rhythmus hinweg das Gleichgewicht zwischen Feuchtigkeitsanreicherung und Austrocknung aufrechterhalten wird, im Idealfall aber das Austrocknungsvermögen größer als die Feuchtigkeitsbelastung ist (Schadensfall – *„Feuchtigkeitsfalle"* – die Austrocknung eines Bauteiles wird durch feuchtigkeitssperrende Schichten be- bzw. verhindert).

Abbildung 040.1-06: Bauphysikalische Beanspruchungen von Wänden

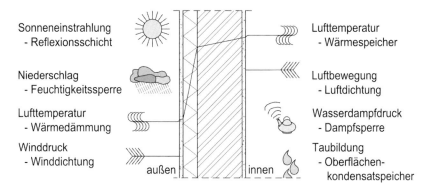

Sonneneinstrahlung - Reflexionsschicht	Lufttemperatur - Wärmespeicher
Niederschlag - Feuchtigkeitssperre	Luftbewegung - Luftdichtung
Lufttemperatur - Wärmedämmung	Wasserdampfdruck - Dampfsperre
Winddruck - Winddichtung	Taubildung - Oberflächen- kondensatspeicher

außen | innen

Tabelle 040.1-02: Übersicht Feuchtigkeitsschäden und Gegenmaßnahmen

Entstehungsort	Feuchtigkeitsbeanspruchung	Maßnahmen
außen	Niederschlag, Tauwasser Spritzwasser im Sockelbereich Erdfeuchtigkeit	Beschichtung (Putz, Anstrich), Fassade spezielle Sockelausbildung Abdichtung
innen	hohe Luftfeuchtigkeit, Tauwasser, Diffusion	diffusionssicherer Wandaufbau, Dampfbremse
wandinhärent	Baustoffeigenfeuchtigkeit aufsteigende Feuchtigkeit Schadensfälle (z.B.: Wasserrohrbruch)	unbehinderte Austrocknung horizontale Abdichtung

In weiterer Folge besteht eine Schutzfunktion auch gegenüber dem Wärmedämmvermögen des tragenden Bauteiles selbst oder einer zusätzlich angeordneten, nicht hydrophoben Dämmschicht (verringerte Dämmwirkung infolge Feuchtigkeit). Maßgeblich für die Wasseraufnahme ist die Porosität des Wandbaustoffes. Speziell im Sockelbereich ist auf das Spritzwasser und die erhöhte mechanische Beanspruchung zu achten.

040.1.3.2 WÄRMESCHUTZ

Die Wärmeleitfähigkeit eines Stoffes steigt mit größer werdender Rohdichte und sinkt mit zunehmender Porigkeit. Demzufolge wird ein tragender Wandbaustoff wirtschaftlich nur dann die geforderten Wärmeschutzwerte erfüllen, wenn er bei hoher Stoffrohdichte eine ausreichend porige Struktur aufweist. Verschiedene Hersteller bieten Wandbaustoffe an, die durch ihren Hohlraumgehalt und mit speziellen Wärmedämmmörteln vermauert und verputzt die strengen Wärmeschutzvorschriften erfüllen. Dennoch geht der Trend zu mehrschichtigen bzw. mehrschaligen Wandaufbauten. Die Wahl der Schichtfolge, unabhängig von architektonischen Gesichtspunkten, erfordert Kenntnisse über die Nutzung und das Innenklima des Raumes.

AUSSEN
- Sichtschicht bzw. Vormauerungsschale
- (Luftschicht)
- Dämmschicht
- Tragschicht

INNEN

Abbildung 040.1-07: Temperaturverlauf in Außenwänden

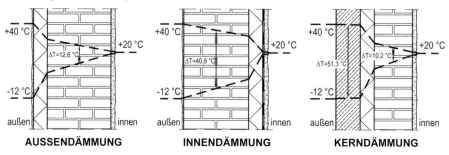

AUSSENDÄMMUNG   INNENDÄMMUNG   KERNDÄMMUNG

Außen liegende Dämmschicht
- lückenlose Einhüllung des gesamten Bauwerkes möglich,
- sinnvoll für ständig genutzte Räume,
- hohe Speicherfähigkeit der Wand,
- lange Aufheiz- und Abkühlzeiten der Raumluft.

Innen liegende Dämmschicht
- unregelmäßig genutzte Räume,
- kurze Aufheizzeit,
- einfacher nachträglicher Einbau,
- Tragelemente starker thermischer Beanspruchung ausgesetzt,
- Unterbrechung der Dämmschichthülle bei einbindenden Querwänden und Decken (Wärmebrücken).

Mittig liegende Dämmschicht (zweischaliges Mauerwerk, Kerndämmung)
- massive oder gemauerte Vorsatzschicht (tragend oder nichttragend ausgeführt) bietet Witterungsschutz für die Dämmschichte, mechanische Festigkeit und einen problemlosen Putzgrund.

Die *außen liegende oder mittig liegende Dämmschicht* bietet bei Anordnung einer diffusionsoffenen Wärmedämmung oder einer wirksamen Hinterlüftung (Dicke der Luftschicht ≥ 4 cm) die größte Sicherheit gegen feuchtigkeitsbedingte Schäden und thermische Überbeanspruchung der Tragschicht. Der Verzicht auf die Hinterlüftung bei einer mittig liegenden Dämmschicht schränkt die Wahlmöglichkeit der Art der Vorsatzschale ein. Maßgeblich für die „bauphysikalische Sicherheit" des Aufbaus sind in diesem Fall die Dampfdiffusionswiderstände der äußeren Vorsatzschicht und der inneren Tragschicht. Bei genügend dampfdichter innerer Schicht (z.B. Beton) ist die Gefahr des Tauwasserausfalles in der Dämmschichtebene grundsätzlich gering. Bei Verwendung von dampfbremsenden Materialien (z.B. Klinkerziegel, Metall) führt eine behinderte Austrocknung nach außen zu einer progressiven Feuchtigkeitsanreicherung im Wandquerschnitt. Eine hydrophobe Dämmung allein bedeutet keine befriedigende Lösung, zumal die Feuchtigkeitsanreicherung im Wandquerschnitt nicht verhindert wird. Für diese Fälle ist eine Hinterlüftung unbedingt vorzusehen.

Die *mittig liegende nicht hinterlüftete und die innen liegende Dämmschicht* erfordern einen genauen Nachweis der Dampfdruckverhältnisse im Wandquerschnitt. Wird die Taupunkttemperatur in der Ebene der Wärmedämmung unterschritten, so sind zur Sicherung der Wirksamkeit der Dämmschicht ein hydrophobes Material und/oder (wenn eine kontinuierliche Austrocknung nicht garantiert ist) eine dampfbremsende Schichte an der warmen Seite der Wärmedämmung zu wählen. Hinweis: *„Bei Einbauschränken an Außenwänden ist eine ähnliche Wirkung wie bei einer innen liegenden Wärmedämmung, jedoch ohne die Möglichkeit einer Dampfbremse gegeben."*

040.1.3.3 SCHALLSCHUTZ

Unter dem Begriff Schallschutz werden die zwei Arten der Schallübertragung – Luftschall und Körperschall – verstanden. Der *Luftschallschutz* einer Wand ist primär von ihrer Masse abhängig, wobei ein höheres Wandgewicht höhere Dämmwerte ergibt. Eine einschalige massive Wand erreicht bei einem Flächengewicht von 350–400 kg/m^2 ein bewertetes Schalldämm-Maß R_W von ~ 56 dB und erfüllt damit die Normanforderung für Außenbauteile von Wohnhäusern. Kann dieses Flächengewicht nicht erreicht werden, so ist der Wand eine biegeweiche Vorsatzschale vorzusetzen, welche mit Dämpfungselementen verbunden wird (zweischaliger Aufbau). Der *Körperschallschutz* kann wirksam nur durch einen zwei- oder mehrschaligen Aufbau gewährleistet werden, wobei zwei oder mehrere Schalen durch Dämpfungselemente verbunden sind. Wichtig in diesem Zusammenhang ist die sorgfältige Detailplanung, um Schallbrücken und den damit verbundenen teilweisen Verlust der Dämmwirkung zu vermeiden.

Massive zweischalige Wandbauten finden für Trennwände zwischen Wohnungen, Wohnungen und Betriebseinheiten oder bei schalltechnisch getrennten Treppen- und Liftanlagen Verwendung. In beiden Fällen werden die Schalen tragend ausgeführt und erfüllen dadurch weitestgehend die Forderung nach hohem Flächengewicht. Umso mehr Augenmerk ist der Vermeidung von Schallbrücken zu schenken. Besonders im Innen- und Zwischenwandbau wird die Variante der zweischaligen Leichtwand aus zwei gleich starken Einzelschalen mit eingelegter Dämmschicht verwendet → Holz- oder Metallständerwände mit Gipskarton- oder Brandschutzplattenverkleidung. Zur Erzielung eines entsprechenden Schallschutzes sind folgende Punkte zu beachten:

- Die Schalldämmung eines zweischaligen Bauteiles steigt mit wachsendem Schalenabstand und verminderter Steifigkeit der Zwischenschichten.
- Zur Vermeidung einer Resonanzwirkung sind ungleiche Schalenstärken anzustreben.

040.1.3.4 BRANDSCHUTZ

Die Brandwiderstandsanforderungen an einen raumbildenden und tragenden Bauteil werden nach den Brandschutzklassen REI 30, REI 60, REI 90, REI 180 (früher F30, F60, F90, F180) definiert (ÖNORM B 3800-4 [51]). Falls der Wandbaustoff nicht primär die geforderte Brandwiderstandsdauer erreicht, muss durch Sekundärmaßnahmen die Tragsicherheit auf Dauer der Brandeinwirkung sichergestellt sein.

Beton und Stahlbeton
muss zur Erfüllung der vorgeschriebenen Brandwiderstandsklasse besonderen Kriterien genügen. Für REI 60 ist eine Wandstärke von 8 cm ausreichend; REI 90 erfordert eine Mindeststärke von 10 cm; REI 180 wird mit d = 20 cm erzielt. Für REI 30 bis REI 90 genügt die Einhaltung der Mindestbetondeckung von 2 cm; REI 180 erfordert mind. 4 cm Deckung.

Stahl
ist nicht brennbar, versagt aber bei etwa 450–650 Grad Celsius infolge des starken Absinkens des E-Moduls und der Festigkeit. Wesentlich für die Ermittlung der kritischen Temperatur ist das gewählte statische System (zu bevorzugen sind statisch unbestimmte Systeme) und der Ausnützungsgrad eines Bauteiles.

Keramische Baustoffe
z.B. Mauersteine aus gebranntem Ton, bieten Brandschutz in Abhängigkeit von der Steinstärke, der Fugenausbildung des Wandkörpers und des Oberflächenschutzes. So besitzt beispielsweise eine nichttragende Wand aus Hochlochziegel mit 10 cm Steinstärke, beidseitig mit mindestens 1,5 cm dick verputzt, einen Brandwiderstand EI 90. Für tragende Wände ist bei der Mindestwandstärke von 17 cm und einer Steindruckfestigkeit über 5 N/mm^2 sowie einem beidseitigen Verputz ein Brandwiderstand von REI 180 gegeben.

Holz
ist ein brennbarer Baustoff. Es weist aufgrund einer bekannten Abbrandgeschwindigkeit ein klar definierbares Brandverhalten auf, doch sind auch hier die Einflüsse aus der Verbindungstechnik und der statischen und konstruktiven Durchbildung zu beachten.

Gips
als Wandbauplatten für Zwischenwände erfüllen bei 8 cm Stärke EI 60, bei 10 cm EI 90, jeweils beidseits ganzflächig mit Spachtelmasse überzogen. Brandschutzverkleidungen aus Gipskartonplatten GKF mit bandagierten und verspachtelten Fugen erreichen EI 60 mit 2 x 1.25 cm bzw. EI 90 mit 3 x 1.50 cm Dicke.

Sekundärmaßnahmen zur Erzielung des geforderten Brandschutzes sind zum Beispiel für Stahl schaumbildende Anstriche, Putze, Brandschutzverkleidungen mit Platten und/oder Formstücken, Ummantelung oder Innenfüllung mit Beton oder eine Wasserfüllung.

040.1.4 VORSCHRIFTEN

Im Zuge der zunehmend strenger werdenden Wärmeschutzvorschriften ändern sich die zulässigen Grenzen für den Wärmedurchgangskoeffizient (U-Wert) in kurzen Zeitabständen. Darüber hinaus gibt es zwar eine Regelung durch die ÖNORM, die strengeren und daher gültigen Werte legen aber die Bauordnungen bzw. die Wohnbauförderungsrichtlinien der jeweiligen Bundesländer fest. Die Wiener Bauordnung bestimmt beispielsweise für Zubauten, Umbauten und baulichen Änderungen die höchstzulässigen U-Werte, und ergänzend dazu wird noch für neun Größenklassen von Gebäuden die Einhaltung maximal zulässiger Grenzwerte einer Energiekennzahl – des „spezifischen Transmissions-Wärmeverlusts" $W/(m^3K)$ – gefordert. Unabhängig von den Grenzen für den U-Wert ist auch auf die Vermeidung von Wärmebrücken zu achten. Überall, wo konzentriert große Wärmeverluste auftreten, kann es an der inneren Oberfläche zu Kondensation und als Folge davon zu Schäden oder zumindest Beeinträchtigungen des Wohnklimas durch Schimmelbildung kommen. Gerade bei den heute üblichen Dämmstoffstärken wirken sich Wärmebrücken noch stärker aus als früher. Zudem sind solche Schadstellen im Nachhinein oft schwer zu sanieren.

Beispiel 040.1-01: Bauvorschriften Außenwände

§ 99: Außenwände (Auszug aus Bauordnung für Wien [21])

(1) Außenwände der Gebäude (Wandkonstruktionen, äußere Abschlüsse ohne Fenster und Türen) müssen, wenn nicht anderes bestimmt ist, feuerbeständig und in allen für die Tragfähigkeit und den Brandschutz wesentlichen Bestandteilen aus nicht brennbaren Baustoffen sein. Zwischen Fenstern desselben Geschoßes gelegene Teile der Außenwände müssen keine brandschutztechnischen Anforderungen erfüllen, doch muss ein vertikaler Abstand von Fenstern von mindestens 1,20 m vorhanden sein. Dieser Abstand kann verringert werden, wenn die Fläche der Fenster und der Teile der Außenwände, die keine brandschutztechnischen Anforderungen erfüllen, 50% der Flächen der jeweiligen Außenwand des zugehörigen Aufenthaltsraumes nicht überschreitet oder wenn durch geeignete Maßnahmen dem Brandschutz entsprochen wird.

(2) Abs. 1 gilt nicht für Gebäude mit nicht mehr als drei Hauptgeschoßen und einem Dachgeschoß. Die Außenwände solcher Gebäude müssen jedoch wie folgt ausgeführt sein:
1. in ebenerdigen Gebäuden mit höchstens einem Dachgeschoß müssen Außenwände zumindest feuerhemmend sein;
2. in Gebäuden mit nicht mehr als zwei Hauptgeschoßen müssen nichttragende Teile von Außenwänden zumindest feuerhemmend, tragende Teile von Außenwänden zumindest hochfeuerhemmend sein;
3. in Gebäuden mit mehr als zwei Hauptgeschoßen müssen Außenwände zumindest hochfeuerhemmend und an der Außenseite zumindest schwer brennbar sein.

(3) Die nichttransparenten Teile der Außenwände von Wohnungen und Aufenthaltsräumen müssen bei jedem Raum ein bewertetes Schalldämm-Maß R_w von mindestens 47 dB, die transparenten Teile von mindestens 38 dB aufweisen. Jedenfalls muss sich bei Außenwänden von Wohnungen und Aufenthaltsräumen bei jedem Raum ein bewertetes resultierendes Schalldämm-Maß $R_{res,w}$ von mindestens 43 dB ergeben.

Ähnlich wie bei den Bestimmungen des Wärmeschutzes sind in den Landesbauordnungen auch Festlegungen über den Schall- und Brandschutz enthalten. Speziell beim Luftschallschutz wird dabei hinsichtlich der Art der Wände unterschieden, d.h. bei Außenwänden oder bei Trennwänden zwischen Wohnungen (W/W), zwischen Wohnungen und Allgemeinbereichen des Objektes (W/A) oder zwischen Wohnungen und Betriebseinheiten (W/B).

Tabelle 040.1-03: Bauphysikalische Anforderungen Wände – Wärmeschutz, Schallschutz

| | Wärmeschutz maximale U-Werte [W/(m²K)] | | | | | | Schallschutz R_w [dB] | | | | | |
| | Außenbauteile | | | | Innenbauteile | | Außenbauteile | | | Innenbauteile | | |
	Wände	Fenster	Türen	erdberührte Wände	Wände zu unbeheiztem Räumen	Trennwände	Wände	Fenster, Türen	Fassaden im Mittel	Trennwände W/A	Trennwände W/B	Trennwände W/W
Wien	0,50	1,90	1,90	0,50	0,50	0,90	47	38	43[1])	58	65	58
Niederösterreich	0,40	1,80	1,80	0,50	0,70	1,60	laut ÖNORM					
Burgenland	0,38	1,70	1,70	0,35	0,50	0,90	laut ÖNORM					
Kärnten	0,40	1,80	1,80	0,50	0,70	1,60	laut ÖNORM					
Oberösterreich	0,50	1,90	1,90	0,50	0,70	1,60	47	33[4])	38[4])	55[2])	55[2])	55[2])
Steiermark	0,50	1,90	1,70	0,50	0,70	1,60	laut ÖNORM					
Salzburg	0,35	1,70	1,70	0,40	0,50	0,90	laut ÖNORM					
Tirol	0,35	1,70	1,70	0,40	0,50	0,90	laut ÖNORM					
Vorarlberg	0,35	1,80	1,90	0,50	0,50	1,60	laut ÖNORM					
ÖNORM B 8115-2							33-52[3])	33-52[3])	33-52[3])	55[2])	55[2])	55[2])
Art 15° BVG	0,50	1,90	1,90	0,50	0,70							
Niedrigenergiehaus	0,20	1,30	1,30	0,30	-							
Energieeinsparverordnung	0,35	1,70	1,70	0,40	0,40	-						
	0,45	2,00	2,00	0,50	0,50							
DIN 4109-2							57			54	55	53

(Spalte A: Wien … Niedrigenergiehaus; Spalte D: Energieeinsparverordnung, DIN 4109-2)

[1]) resultierendes Schalldämm-Maß $R_{w,res}$
[2]) $D_{nT,w}$ nicht R_w (60 dB über Garagen und bei Reihenhäusern)
[3]) $R'_{res,w}$ abhängig vom maßgeblichen Außenlärmpegel $L_{A,eq}$ (33-52)
[4]) Wohngebäude

Beispiel 040.1-02: Bauvorschriften Innenwände

§ 100: Innenwände (Auszug aus Bauordnung für Wien [21])

(1) Alle Wände innerhalb eines Gebäudes sind Innenwände. Innenwände zwischen einzelnen Wohnungen und einzelnen Betriebseinheiten und zwischen Wohnungen und Betriebseinheiten einerseits und allen anderen Gebäudeteilen andererseits sind Trennwände. Innenwände innerhalb von Wohnungen und Betriebseinheiten sind Scheidewände.

(2) Trennwände und tragende Scheidewände müssen in ebenerdigen Gebäuden mit höchstens einem Dachgeschoß zumindest feuerhemmend, in Gebäuden mit nicht mehr als drei Hauptgeschoßen und einem Dachgeschoß sowie in Dachgeschoßen, mit Ausnahme jener nach Z 1, zumindest hochfeuerhemmend und in sonstigen Gebäuden feuerbeständig und in allen für die Tragfähigkeit und den Brandschutz wesentlichen Bestandteilen aus nicht brennbaren Baustoffen sein.

(3) Alle Trennwände müssen einen ausreichenden Schallschutz haben. Der Schallschutz gilt bei Trennwänden zwischen Wohnungen und Betriebseinheiten als sichergestellt, wenn das bewertete Schalldämm-Maß R_w mind. 65 dB, bei sonstigen Trennwänden, wenn das bewertete Schalldämm-Maß R_w mind. 58 dB beträgt. Wohnungseingangstüren müssen ein bewertetes Schalldämm-Maß R_w von mind. 33 dB aufweisen.

(4) Als Scheidewände sind Wände in Leichtbauweise, nicht mit dem Gebäude baulich verbundene Wände und Einrichtungsgegenstände zulässig. Bilden Scheidewände Räume in Betriebseinheiten, durch die der Fluchtweg aus anderen Räumen führt, oder begrenzen Scheidewände Fluchtwege in Betriebseinheiten, müssen sie zumindest feuerhemmend sein.

040.2 GEMAUERTE WÄNDE

Unter dem Begriff „*tragende gemauerte Wände*" sind alle jene Wandbausysteme zu subsumieren, bei denen der Wandstein die hauptsächlich tragende Funktion und der Mörtel den Ausgleich von Unebenheiten und damit Spannungsspitzen erfüllt. Im Zuge der technischen Entwicklung der Baustoffe findet neben dem Natursteinmauerwerk und dem klassischen Ziegelmauerwerk aus Normalformatsteinen im Verband eine Vielzahl von Produkten aus gebrannten oder zementgebundenen Materialien Verwendung. Ziele einer innovativen Forschung sind die Erfüllung höherer bauphysikalischer Anforderungen ($\rightarrow$ Hochlochsteine, Porosierung, Nut + Feder-Verzahnung der Stoßfugen, Planziegel), aber auch Rationalisierungstendenzen (Wandstärke = Steinstärke), die allerdings bei Steingewichten bis 20 kg – bei Verarbeitung von Hand aus – bereits an ihre Grenzen stoßen.

Abbildung 040.2-01: Entwicklungsmöglichkeiten im Mauerwerksbau

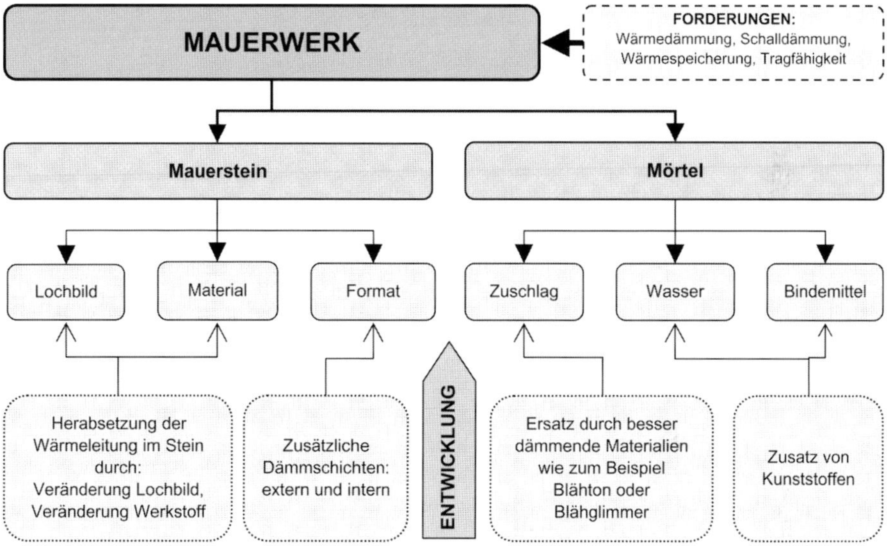

Bei der Auswahl des Wandbildners ist immer der bauphysikalische Aspekt im Auge zu behalten. Die Wechselwirkung: Festigkeit – Wärmedämmung – Wärmespeicherung – Schalldämmung führt je nach der Bewertung der einzelnen Komponenten entweder zu einem integrierten Wandaufbau oder zu einer Entkoppelung unter Nutzung der optimalen Wirkung zweier (oder mehrerer) Baustoffe. Eine gleichzeitige Wirkung von „*Dämmen*" (bis ca. ρ_R = 1000 kg/m^3) und „*Tragen*" (ab ca. ρ_R = 500 kg/m^3) ist nur bei entsprechender Schichtstärke in einem begrenzten Rohdichtebereich (500 kg/m^3 $\leq \rho_R \leq$ 1000 kg/m^3) möglich.

Die Errichtung eines Mauerwerks zählt zu den ältesten Bauverfahren, deren Anwendung und Dimensionierung nach handwerklichen Regeln erfolgt, die in Jahrhunderten entwickelt, verfeinert und verbessert worden sind. Mauerwerk ist ein altes Konstruktionselement, das sich im Laufe der Zeit unter anderem durch einfache Herstellung und Verarbeitung, Dauerhaftigkeit und Wiederverwendbarkeit bewährt hat.

Abbildung 040.2-02: Zusammenhang Wärmeschutz – Tragfähigkeit

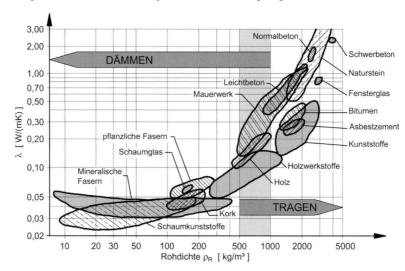

040.2.1 KONSTRUKTIVE VORGABEN

Bei der Errichtung von Mauerwerk sind neben einer entsprechenden Dimensionierung der tragenden Bereiche auch konstruktive Vorgaben und Ausführungsregeln zu beachten. Diese umfassen gemäß ÖNORM B 3350 [41] Angaben über Mindestabmessungen, Roste und Verschließungen, Deckenauflager, Durchbrüche, Aussparungen und Schlitze, die Aussteifung des Gesamtbauwerkes, Kellerwände, Überlagen und zweischalige Wände. Weiters werden konstruktive Mindestanforderungen an die Baustoffe und Bauteile vorgegeben sowie vereinfachte Rechenansätze formuliert.

Für die Ausführung gilt, dass Mauersteine *„voll auf Fug"* zu vermauern bzw. bei großformatigen Mauersteinen deren Richtnuten in den einzelnen Scharen zur Deckung zu bringen sind, wobei immer ein Stoßfugenversatz von mindestens 30% der Steinlänge gegeben sein muss. Wandpfeiler sind bereits ab der unteren Gleiche im richtigen Verband auszuführen. Der Zusammenschluss von Wandteilen aus großformatigen Mauersteinen mit Wandteilen aus kleinformatigen Mauersteinen (z.B. Rauchfängen) darf nur mit mindestens 12 cm tiefen Verzahnungen (*„Schmatzen"*) erfolgen. Hinsichtlich ihrer Tragfunktion unterscheidet die ÖNORM B 3350 [41] nachfolgende Wandarten:

- *Tragende Wände* werden überwiegend als Scheibe beansprucht und können alle auf sie einwirkenden Lasten und Kräfte wie Eigenlast, Decken- und Dachlasten, Nutzlasten, Wind- und Erdbebenkräfte mit ausreichender Sicherheit aufnehmen und direkt oder indirekt auf darunter befindliche Konstruktionen oder in den Boden abtragen. Sie dienen auch der Bauwerksaussteifung.

- *Aussteifende Wände* mit geringem Anteil an Deckenlasten sind Wände, die der Aussteifung des Gesamtbauwerkes im Hinblick auf horizontale Einwirkungen – vorwiegend Wind, gegebenenfalls auch Erd- und Wasserdruck – oder der Knickaussteifung dienen; sie haben im Wesentlichen nur ihre Eigenlast abzutragen bzw. jene Lasten, die aus eventuell darüber liegenden aussteifenden Wänden abgeleitet werden müssen.

- *Nichttragende Wände* sind Wände, die nicht zur Aufnahme von Lasten herangezogen werden und deren Entfernen die Sicherheit nicht entscheidend beeinflusst.

- *Pfeiler und Stützen* sind jene tragenden Teile einer Wand, die nicht Scheibencharakter besitzen.

040.2.1.1 MINDESTABMESSUNGEN

Für die Einhaltung von Mindestabmessungen der Bauteile wird in tragende sowie aussteifende Wände, Pfeiler und Stützen, unterschieden. Die Mindestdicke tragender Wände ist in Österreich für Mauerwerk mit t = 17 cm festgelegt. Aussteifende Wände müssen eine flächenbezogene Masse von mindestens 200 kg/m^2 aufweisen und dürfen unter diesen Voraussetzungen mit einer Mindestdicke von t = 12 cm ausgeführt werden.

Unter tragenden Pfeilern werden Wandteile verstanden, deren Längsausdehnung höchstens der zweier ungeteilter Steine, jedoch nicht weniger als einen Stein bzw. 25 cm beträgt (siehe auch Kap. 040.4).

Gemauerte Wände mit einer Dicke unter 12 cm sind gemäß ÖNORM B3350 [41] nicht mehr für die Bauwerksaussteifung heranzuziehen und gelten daher als nichttragende Wände, bei deren Entfernung die Sicherheit eines Bauwerkes nicht entscheidend beeinflusst wird.

040.2.1.2 ROSTE UND VERSCHLIESSUNGEN

Gemauerte Außenwände sind immer mit einem Rost abzuschließen, der eine Mindestbreite t_r = 15 cm aufzuweisen hat. Die maximale Rostbreite beträgt 30 cm. Verbleiben zwischen Rost- und Mauerwerks-Außenkante mehr als 12 cm als freier Überstand, so sind tragende Roststeine mit einer Mindestdicke von 10 cm vorzusehen. Diese Roststeine müssen annähernd gleiche Festigkeit wie das umgebende Mauerwerk besitzen. Auf die Vermeidung von Wärmebrücken ist hierbei besonders zu achten. Tragende Innenwände und aussteifende Innenwände, gleich welcher Ausführung, sind mit einem Rost auf volle Dicke der tragenden Wandteile zu versehen.

Abbildung 040.2-03: Rostausbildung bei Mauerwerk ÖNORM B 3350 [41]

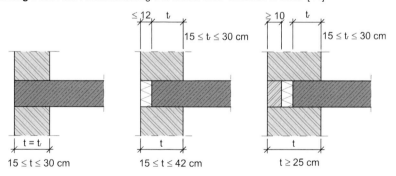

Die maximale Breite des Rostes von 30 cm wird mit der Verhinderung einer ungewollten Einspannung der Decke im Mauerwerk begründet, die zu einer erhöhten Momentenbeanspruchung der Wand führen würde. Bei einer von der ÖNORM abweichenden Rostausbildung ist keine Übereinstimmung mehr mit den Bemessungsansätzen gegeben, und das gesamte Mauerwerk ist gemäß ENV 1996-1-1 [36] nachzuweisen.

Hinsichtlich der konstruktiven Mindestanforderungen an die Ausbildung der Roste sind die nachfolgenden Forderungen einzuhalten:

- Mindestbetonfestigkeitsklasse C 16/20,
- Längsbewehrung mindestens 2 cm² Stahlquerschnitt der Güte BSt 550,
- Roste bei Hohldielen Frischbeton-Konsistenz F45 oder weicher,
- Einbindende Decken sind mittels Bewehrung zu verankern,
- Bei Hohldielen: Fugenbewehrung mindestens 0,7 cm²/m BSt 550 einbindend,
- Bei Holzdecken oder Decken auf Gleitlagern ist der Rost als Ringbalken unterhalb des Deckenauflagers auszubilden.

040.2.1.3 DECKENAUFLAGER

Speziell für die Ausbildung der Deckenauflager sind für Hohldielen Mindestauflager-tiefen und konstruktive Randbedingungen einzuhalten. Dabei gelten folgende sicher-zustellende Auflagertiefen t_s auf der tragenden Wand:

Mauerwerk mit einer Steindruckfestigkeit $\quad \overline{f_b} \geq 25$ N/mm² $\quad\quad t_s \geq \;\; 6$ cm
$\quad\quad\quad\quad\quad\quad\quad\quad 15$ N/mm² $\leq \;\; \overline{f_b} < 25$ N/mm² $\quad\quad t_s \geq \;\; 8$ cm
$\quad\quad\quad\quad\quad\quad\quad\quad\quad\quad\quad\quad\quad \overline{f_b} < 15$ N/mm² $\quad\quad t_s \geq 10$ cm

Bei über 60 cm breiten Hohldielen ist, wenn keine anderen Maßnahmen zur Gewähr-leistung einer gleichmäßigen Auflagerung und einer gesicherten Ableitung von Wandlasten aus den über der betrachteten Decke liegenden Geschoßen getroffen werden, die Verlegung in einem weichen Mörtelbett vorzunehmen. Hohldielen bzw. Hohlbalken, die die Bestimmungen der Auflagertiefen nicht erfüllen, bzw. nicht ergänzte Fertigteile, schlaff bewehrt oder vorgespannt, die nicht kraftschlüssig mit dem Rost verbunden sind, dürfen auf Hohlblocksteinen mit weniger als 5 Hohlkam-merreihen (gezählt normal zur Wand) nur auf Ringbalken verlegt werden.

Abbildung 040.2-04: Deckenauflager von Hohldielen ÖNORM B 3350 [41]

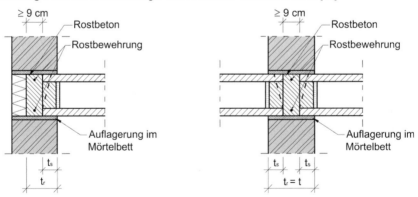

040.2.1.4 DURCHBRÜCHE UND AUSSPARUNGEN

Grundsätzlich darf der tragende Teil einer Wand durch Schlitze und Durchbrüche geschwächt werden, soweit diese bei der Nachweisweisführung berücksichtigt oder die in der Norm enthaltenen Maximalabmessungen nicht überschritten werden. Bei Mauerwerk sind Aussparungen und Schlitze erst ab einer Wandstärke von 25 cm ohne Nachweis zulässig.

Durchbrüche

Ohne rechnerischen Nachweis sind Durchbrüche bis zu 625 cm² und einem Seitenverhältnis nicht kleiner als 1:1,5 zulässig, sofern sie den tragenden Querschnitt eines Wandteiles nicht um mehr als 15% schwächen.

Aussparungen und Schlitze

• Vertikal verlaufende, nachträglich hergestellte Schlitze dürfen höchstens 3 cm tief und 20 cm breit sein. Schlitze, die maximal 1 m über den Fußboden reichen, dürfen mit einer Tiefe bis zu 8 cm bei einer Maximalbreite von 12 cm ausgeführt werden.

• Vertikal verlaufende, gemauerte Aussparungen dürfen höchstens 25 cm breit sein, wobei die verbleibende Wanddicke mindestens t/2 sein muss.

• Die Summe der Einzelschlitzbreiten darf auf eine Bezugslänge von 2,0 m (horizontal gemessen) das Maß von 25 cm nicht überschreiten.

• Werden vertikale Schlitze ausgeführt, deren Länge größer als 1 m und deren Tiefe größer als t/2 ist, dann ist die Wand als vollkommen durchtrennt zu betrachten, und jeder Teilquerschnitt muss mindestens die Bedingungen für Pfeiler erfüllen.

• Waagrechte und geneigte Schlitze sollten vermieden werden. Ist dies nicht möglich, muss deren Tiefe auf t/10 beschränkt bleiben; außerdem sind solche Schlitze nur in einem Bereich zwischen 20 cm und 40 cm, gemessen von der Deckenunterkante, sowie innerhalb einer Bandbreite von 40 cm oberhalb der Rohdecke und jeweils nur auf einer Wandseite zulässig.

• Schlitze in tragenden Pfeilern sowie in tragenden Wänden mit einer Dicke t < 25 cm sind ohne Nachweis unzulässig.

040.2.1.5 AUSSTEIFUNG DES GESAMTBAUWERKES

Zur Sicherung der Gesamtstabilität des Bauwerkes (Aussteifung des Gesamtbauwerkes), vor allem wegen der Windeinwirkung, sind aussteifende Wände vorzusehen, für die der Nachweis dann als erbracht gilt, wenn bei einem durch Fugen begrenzten Deckenabschnitt die Bedingung nach Formel (040.2-01) erfüllt ist.

$$L_{vorh} \le L_{max} = 0{,}03 \cdot (3+o) \cdot (9-n) \cdot \left(\sum L - 4 \cdot i\right) + 2 \cdot i$$

$$o = f_b \cdot t^2 \cdot \rho \qquad \left(\sum L - 4 \cdot i\right) \ge 1 \qquad \text{040.2-01}$$

L_{vorh}	Länge der Hausfront zwischen Außenwänden oder Dehnfugen	[m]
L_{max}	zulässige Länge einer Hausfront zwischen Außenwänden oder Dehnfugen bei vorgegebenen aussteifenden Wänden	[m]
n	Anzahl der Geschoße; ausgehend vom obersten Geschoß	[–]
i	Anzahl der in Rechnung gestellten Scheiben, wobei Fenster und Türen Unterbrechungen der Scheibe darstellen	[–]
L	Länge der in Rechnung gestellten Einzelscheibe pro Deckenabschnitt	[m]
f_b	Steindruckfestigkeit	[N/mm²]
t	Wanddicke	[m]
ρ	Raumgewicht	[kN/m³]

Für die Zulässigkeit der vereinfachten Nachweisführung werden in der ÖNORM B 3350 [41] Bedingungen und Einschränkungen formuliert, bei deren Nichteinhaltung ein rechnerischer Nachweis des horizontalen Bemessungswiderstandes und der Bemessungslasten erforderlich wir:

- schubfeste Decken (Ortbetondecken oder FT-Decken mit Fugenverschluss),
- Einzellänge der einzelnen Wandscheiben $\geq 3,0$ m,
- Sicherstellung der schubfesten Verbindung zwischen Decke und Mauerwerk,
- nur Nachweisführung zufolge Windkräfte.

Grundsätzlich stellen Fenster und Türen eine Unterbrechung der Wandscheiben dar, die dann mit ihren Einzellängen in die Bemessung einfließen. Als Einschränkungen sind zu beachten:

- Der gegenseitige Abstand zweier Scheiben darf nicht größer als die zweifache Tiefe des Objektes sein, und
- pro Deckenfeld sind mindestens zwei Scheiben in einem gegenseitigen Abstand von mindestens 2/3 der Länge des Deckenfeldes vorzusehen.
- Der Nachweis der Aussteifung ist für das gesamte Bauwerk zu führen.
- Die maximale Rohbaulichte beträgt 3,25 m.

Beispiel 040.2-01: Aussteifung des Gesamtbauwerkes (in Querrichtung) [41]

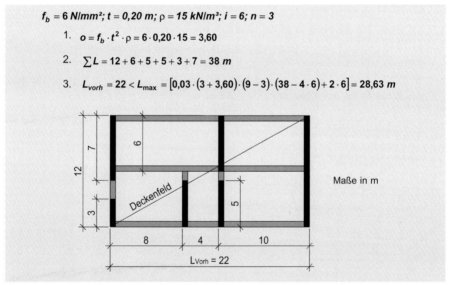

$$f_b = 6 \ N/mm^2; \ t = 0,20 \ m; \ \rho = 15 \ kN/m^3; \ i = 6; \ n = 3$$

1. $o = f_b \cdot t^2 \cdot \rho = 6 \cdot 0,20 \cdot 15 = 3,60$

2. $\sum L = 12 + 6 + 5 + 5 + 3 + 7 = 38 \ m$

3. $L_{vorh} = 22 < L_{max} = [0,03 \cdot (3 + 3,60) \cdot (9 - 3) \cdot (38 - 4 \cdot 6) + 2 \cdot 6] = 28,63 \ m$

Maße in m

Abbildung 040.2-05 zeigt den Zusammenhang zwischen der Steindruckfestigkeit und der maximal zulässigen Bauwerkslänge L_{max} unter Beibehaltung der Parameter gemäß Beispiel 040.2-01 ($t = 0,20$ m; $\rho = 15$ kN/m³; $o = 3,60$). Ausgehend von einer vorhandenen Bauwerkslänge von 22,0 m ist somit ein Nachweis mit einer Steindruckfestigkeit von 6,0 N/mm² bis zu 5 Geschoßen und bei einer Steindruckfestigkeit von nur 3,0 N/mm² bis zu 4 Geschoßen möglich. Für die maximale Geschoßzahl von 6 (EG + 5 x OG) wäre bei gleichen geometrischen Randbedingungen in den Geschoßen eine Steindruckfestigkeit von ~10 N/mm² erforderlich.

Abbildung 040.2-05: Interaktion Bauwerksaussteifung – f_b, n, L_{max}

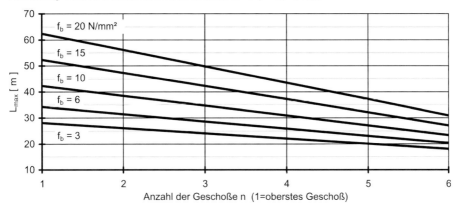

040.2.1.6 KELLERWÄNDE

Zur Aufnahme des Erddruckes auf gemauerte Kelleraußenwände kann gemäß ÖNORM B 3350 [41] ein vereinfachter Nachweis der Wandbiegung unter Einhaltung von Mindest- und Maximalauflasten sowie weiterer Randbedingungen geführt werden. Ein genauer Nachweis für Mauerwerk ist nach ENV 1996-1-1 [36] möglich. Der rechnerische Nachweis der Aufnahme des Erddruckes darf entfallen, wenn folgende Bedingungen erfüllt sind:

- Wanddicke $t \geq 25\ cm$,
- Steindruckfestigkeit $\overline{f_b} \geq 3\ N/mm^2$,
- lichte Höhe der Kellerwand $h \leq 2,6\ m$,
- Kellerdecke als Scheibe wirkend,
- Verkehrslast q bezogen auf die Geländeoberfläche im Einflussbereich des Erddruckes höchstens $5\ kN/m^2$,
- Anschütthöhe h_e nicht größer als h,

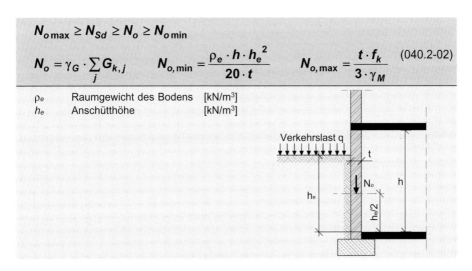

$$N_{o\,max} \geq N_{Sd} \geq N_o \geq N_{o\,min}$$

$$N_o = \gamma_G \cdot \sum_j G_{k,j} \qquad N_{o,min} = \frac{\rho_e \cdot h \cdot h_e^2}{20 \cdot t} \qquad N_{o,max} = \frac{t \cdot f_k}{3 \cdot \gamma_M} \qquad (040.2\text{-}02)$$

ρ_e	Raumgewicht des Bodens	[kN/m³]
h_e	Anschütthöhe	[kN/m³]

Verkehrslast q

t

N_o

h

h_e

$h_e/2$

- anschließende Geländeoberfläche im Einflussbereich des Erddruckes horizontal oder von der Wand abfallend,
- keine hydrostatischen Drücke auf die Wand,
- Bemessungslast N_0 zufolge ständig wirkender Lasten auf die Kellerwand in halber Höhe der Anschüttung innerhalb der Grenzen nach Formel (040.2-02).

Die Werte für $N_{o\,min}$ gelten für einen Abstand der aussteifenden Wandscheiben von mindestens $2 \cdot h$. Für einen Abstand der aussteifenden Wandscheiben gleich der lichten Raumhöhe h oder geringer dürfen die Werte halbiert werden. Für dazwischen liegende Abstände der Wandscheiben ist zu interpolieren.

Für die Bemessung einer Kelleraußenwand aus Mauerwerk sind bei genauer Betrachtung obiger Bedingungen folgende Nachweise zu führen (siehe auch Beispiel 040.2-24):

(1) Nachweis ohne Berücksichtigung des Erddruckes mit $N_{Sd} \leq N_{Rd}$ für die Grenzzustände der Tragfähigkeit (Wandfuß); siehe Formel (040.2-03).

(2) Nachweis der Mindestauflast mit $N_0 \geq N_{0min}$ in halber Höhe der Anschüttung, nur mit Berücksichtigung der ständigen Einwirkungen.

(3) Nachweis der Maximalauflast mit $N_{0max} \geq N_{Sd}$ für den Wandfuß und die Bemessungslast der Einwirkung N_{Sd}.

Die Nachweise der Kelleraußenwand beruhen auf einem Gewölbemodell, bei dem sich ein vertikaler Stützbogen innerhalb der Kellerwand ausbilden kann. Die Druckkraft des Bogens ist dann zur Einhaltung der Gleichgewichtsbedingungen durch die Mindestauflast sicherzustellen.

040.2.1.7 ÜBERLAGEN

Auf Überlagen entfallende Lastanteile können, falls die Ausbildung eines Gewölbes durch Öffnungen im Nahbereich des Lastdreieckes nicht gestört wird, nach vereinfachten Modellen angenommen werden. Der Nachweis der Auflagerpressungen bzw. der Teilflächenpressung des Überlagers erfolgt dann über die Grenzzustände mit $N_{Sd,c}$ $\leq N_{Rd,c}$ (siehe Kap. 040.2.8.3 und Beispiel 040.2-24).

Abbildung 040.2-06: Lastanteile auf Überlagen ÖNORM B 3350 [41]

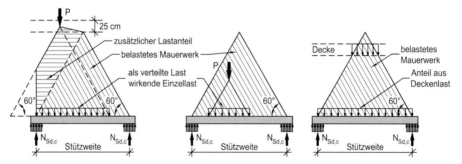

040.2.1.8 ZWEISCHALIGE WÄNDE

Zweischalige Wände sind dadurch gekennzeichnet, dass die äußere Schale (Vorsatzschale) dem Witterungsschutz dient, hingegen die innere Schale (Tragschale) die Abtragung von Lasten übernimmt. Die Funktion der Wärmedämmung wird von einer

Zwischenschicht übernommen. Eine Ausführung ohne Wärmedämmung ist heute nur noch im Altbaubereich bei Bestandswänden anzutreffen. Die Vertikallasten aus dem Eigengewicht der Vorsatzschale sind über die Tragschale abzutragen.

Werden die folgenden Bedingungen für Vorsatzschalen eingehalten, so ist deren Beitrag zur Erfüllung von Stabilitätskriterien zulässig:

- maximaler Schalenabstand 15 cm,
- Mindestdicke der Vorsatzschale 10 cm,
- mindestens 5 Drahtanker (mindestens Ø 3 mm) je m² Wandfläche,
- vertikaler Abstand von Dehnfugen maximal jeweils 2 Geschoße,
- horizontaler Abstand von Dehnfugen maximal 10 m.

Abbildung 040.2-07: Zweischaliges Sichtmauerwerk aus Klinkerziegel mit Luftschicht

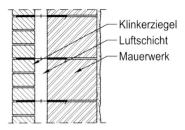
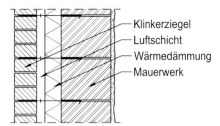

040.2.2 MAUERMÖRTEL

Mörtel sind Gemische aus Bindemitteln, Zuschlagstoffen, Wasser und Additiven. Sie dienen der Verbindung der einzelnen Ziegel und zur Übertragung der Kräfte in Lager- und Stoßfugen. Die ÖNORM EN 998-2 [67] unterscheidet Mauermörtel nach unterschiedlichen Kategorien wie

- nach deren Herstellung in
  - Mauermörtel nach Eignungsprüfung
  - Mauermörtel nach Rezept
- nach der Eigenschaft und dem Verwendungszweck in
  - Normalmauermörtel
  - Dünnbettmörtel
  - Leichtmauermörtel
- nach dem Ort und der Art der Herstellung in
  - Werkmauermörtel (Trockenmörtel oder Nassmörtel)
  - werkmäßig vorbereiteter Mauermörtel
  - Baustellenmauermörtel .

Hinsichtlich der Tragwirkung des Mörtels ist aber nur eine Unterscheidung in Normalmauermörtel, Dünnbettmörtel und Leichtmauermörtel sowie eine Zuordnung zu einer Festigkeitsklasse erforderlich.

Tabelle 040.2-01: Mörtelklassen nach ÖNORM EN 998-2 [67]

Mörtelklasse	M 1	M 2,5	M 5	M 10	M 15	M 20	M d
Druckfestigkeit [N/mm²]	1,0	2,5	5,0	10,0	15,0	20,0	d

d bedeutet eine vom Hersteller angegebene Druckfestigkeit, die höher als 25 N/mm² ist.

040.2.3 ZIEGEL

Als Rohstoff für die Ziegelherstellung kommen Ton und Lehm in Betracht, wobei die wichtigsten Tonmineralien Kaolinit, Halloysit, Illit und Montmorrillonit sind. Der Ton wird mittels Bagger, Schürfkübelfahrzeugen o.ä. abgebaut und auf Zwischenhalden zwecks Bevorratung, Mischung verschiedener Tonsorten und einer gleichmäßigen Durchfeuchtung des aufgelockerten Tones deponiert. Von dort wird das Material mittels Radlader oder Eimerkettenbagger entnommen und über ein Förderband zu einem Kastenbeschicker transportiert, der als Puffer und als Dosiergerät dient. Vom Kastenbeschicker gelangt der Ton zu den Aufbereitungsmaschinen (z.B. Kollergang, Walzwerke), die zum Zerkleinern, Mischen und Aufschließen der Masse dienen. Nach der Aufbereitung kann das Material direkt verarbeitet werden, oder es gelangt zur weiteren Aufschließung bzw. Bevorratung in ein Sumpfhaus oder einen Maukturm. Zur Porosierung der Ziegel können Ausbrennstoffe wie Kohle, Sägespäne, expandiertes Polystyrol oder Papierfangstoffe beigemengt werden, Materialien, die nach dem Brennen im Ziegelscherben Luftporen hinterlassen und die Wärmedämmung verbessern. Damit die Masse die erforderliche Plastizität bekommt, wird ihr in Siebrundbeschickern oder Doppelwellenmischern Wasser oder Dampf beigegeben. Die Formgebung erfolgt durch eine Strangpresse mit Mundstück und dem nachgeschalteten Abschneider (Bilder 040.2-03 bis 05).

Die nassen Formlinge gelangen auf Trockenplatten oder Paletten in den Trockner. Meist werden Kammertrockner (die Ware wird nicht bewegt) oder Tunneltrockner (die Ware fährt durch den Trockner) eingesetzt. Die Trocknung erfolgt mittels warmer Luft, wobei die Abluft des Ofens verwendet wird. Nach dem Trocknen werden die Formlinge mit einer Setzmaschine auf Ofenwagen abgesetzt und dem Brennofen zugeführt. Dort werden sie zunächst vorgewärmt, dann bei Temperaturen zwischen 850°C und 1200°C (Klinker) gebrannt und schließlich wieder abgekühlt. In fast allen Werken werden heute kontinuierlich betriebene Tunnelöfen eingesetzt, bei denen die auf den Tunnelofenwagen abgesetzten Ziegel mechanisch durch den tunnelförmigen Brennkanal geschoben werden. Zur Beheizung kommen feste, flüssige oder gasförmige Brennstoffe in Frage. Bei modernen Ziegelwerken findet man zumeist umfangreiche Anlagen zur Reinigung der Ofenabgase, die Fluor, Schwefelverbindungen, Staub und organische Kohlenstoffverbindungen absondern. Die fertig gebrannten Ziegel werden mittels Entlademaschine von den Ofenwagen abgehoben und der Palettier- bzw. Verpackungsanlage zugeführt (Bilder 040.2-06 bis 08).

Geschichte des Ziegels in Österreich

Mitte des 18. Jahrhunderts wurde auf Veranlassung von Kaiserin Maria Theresia der k.u.k. Ziegelofen am Wienerberg errichtet. Die Produktionsstätte wurde sukzessive erweitert und 1865 mit dem Bau der ersten Ringöfen begonnen. Zwei Jahre später beschäftigten die Wienerberger Ziegeleien schon 10.000 Arbeiter; damit war dieses Unternehmen die größte Ziegelei der Welt. Es wurden in dieser Zeit auch die ersten Versuche mit Pressen gemacht, die bis zur Jahrhundertwende den Jahresausstoß auf 225 Millionen Mauerziegel ansteigen ließen. Damit hatte sich die Ziegelherstellung aber längst von der handwerklichen zur industriellen Fertigung entwickelt.

Mauerziegel (MZ)

werden voll, d.h. ohne Löcher (Vollziegel), aber auch mit Löchern bis zu höchstens 25% ihrer Lagerfläche hergestellt (Mauerziegel gelocht). Die Lochkanäle sind hierbei senkrecht zur Lagerfläche angeordnet.

Hochlochziegel (HLZ)

sind Hohlziegel mit einem Lochanteil von mehr als 25% ihrer Lagerfläche. Die Hohlräume sind ebenfalls senkrecht zur Lagerfläche angeordnet und sollen möglichst gleichmäßig verteilt sein, ihre Querschnittsform ist beliebig.

Langlochziegel (LLZ)

sind Hohlziegel, deren Hohlräume gleichlaufend zur Lagerfläche angeordnet sind, ihre Querschnittsform ist beliebig. Für tragendes Mauerwerk sind diese Ziegel nicht zulässig.

Sichtziegel (SZ)

sind auch in frostbeständiger Form (SZA) erhältlich und können dann für unverputzte Außenmauern verwendet werden.

Klinker

sind bis zur Sinterung gebrannte, frostbeständige Ziegel mit einer Biegezugfestigkeit von mindestens 6 N/mm² und einer Wasseraufnahme unter 8%.

Sonderziegel

sind Ziegel, die für besondere Verwendungsmöglichkeiten erzeugt werden, wie z.B. Eckziegel, Anschlagziegel, Gewändeziegel, 3/4-Ziegel etc.

Planziegel

stellen eine neuere Entwicklung dar. Plangeschliffene Lagerflächen ermöglichen das rasche Aufmauern im Dünnbettmörtelverfahren. Das Auftragen des Dünnbettmörtels erfolgt mit der Auftragswalze oder im Tauchverfahren. Durch die Stärke der Mörtelfuge von 1 mm erhält man nahezu „trockenes Mauerwerk", und durch ein komplettes Formsteinprogramm, wie patentierte Verschiebeziegel, Eck- und Halbziegel entsteht ein homogenes, optisch einwandfreies Mauerwerk.

Mauerziegel im *Normalformat* (NF 25 × 12 × 6,5 cm) wurden im Außenwandbau fast vollständig von Hochlochziegeln oder anderen Baustoffen verdrängt. Grund dafür sind ein hoher Lohnanteil bei der Errichtung sowie unzureichender Wärmeschutz (bei heute üblichen Wandstärken). Derzeitige Haupteinsatzgebiete der normalformatigen Steine sind Vormauerungen bei zweischaligem Mauerwerk sowie Sichtmauerwerk, spezielle Strukturformen (z.B. Bogen) und der Einsatz bei Sanierungen des Altbestandes.

Die ÖNORM EN 771-1 [60] gibt für Mauerwerk zwei grundsätzliche Ziegelarten, die LD-Ziegel und die HD-Ziegel, an. Der Einsatz von LD-Ziegeln, die eine niedrige Brutto-Rohdichte aufweisen, ist für Mauerwerk im geschützten Bereich, d.h. entweder im Innenbereich oder bei Verwendung entsprechender Putze und Verkleidungen zur Verhinderung des Eindringens von Wasser vorgesehen. HD-Ziegel sind Mauerziegel für den ungeschützten Wandbereich bzw. Ziegel mit hoher Brutto-Rohdichte im geschützten Bereich.

Abbildung 040.2-08: Formen und Ausbildung von LD-Ziegel nach ÖNORM EN 771-1 [60]

Abbildung 040.2-09: Formen und Ausbildung von HD-Ziegel nach ÖNORM EN 771-1 [60]

Beispiel 040.2-02: Normalformatziegel und Langlochziegel [90][94]

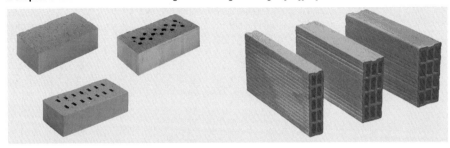

Beispiel 040.2-03: Hochlochziegel [90]

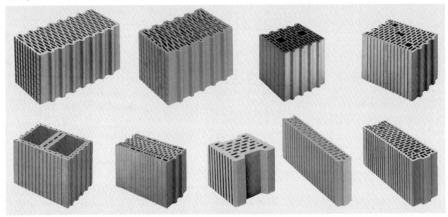

Eine weitere Senkung der Wärmeleitfähigkeit bei einschichtiger Bauweise wird durch Steine mit integrierter Dämmschicht erzielt. Grundlage für diese Vorteile ist ein wenig porosierter Scherben sowie die hohe Wärmedämmung der eingelegten Dämmschicht. Nachteilig ist eine aufwändigere Vermauerungstechnik unter Heranziehen von Sondersteinen, um Wärmebrücken zu vermeiden, sowie der höhere Herstellungspreis.

Bei allen höher dämmenden Steinen treten aufgrund des hochaufgelösten Querschnittes Probleme in Bezug auf die Teilbarkeit des Steines auf. Dies erfordert die Verwendung von Sondersteinen (1/2-Stein, 1/4-Stein, Anschlagsteine etc.) bzw. die Berücksichtigung der Steinabmessungen in der Planung. Bei der Bearbeitung ist unbedingt ein *„Schneiden"* erforderlich, das frühere *„Hacken"* von Ziegeln ist für aufgelöste Querschnitte nicht zulässig.

Beispiel 040.2-04: Anschlagsteine für tragende Außenwände [90]

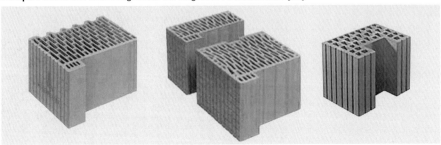

Um die Wärmedämmwirkung des Steines auch in der Wand zu realisieren, ist bei der Vermauerung der Einsatz von speziellen Wärmedämm-Mörteln (Leichtmauermörtel) sinnvoll, sofern dies aus statischen Gründen möglich ist. Dadurch kann auch ab 30 cm starkem, unverputztem Mauerwerk der geforderte Wärmeschutzwert U_{max} von 0,50 bis 0,45 W/(m²K) erreicht bzw. unterschritten werden.

Die Festigkeit von Ziegelmauerwerk wird vorwiegend durch die Eigenschaften seiner Komponenten Ziegel und Mörtel bestimmt. Für tragendes Ziegelmauerwerk müssen gekennzeichnete Ziegel mit gewährleisteter Festigkeit verwendet werden. Mauerziegel und Hochlochziegel werden gemäß ÖNORM B 3200 [38] in die Festigkeitsklassen [N/mm²]

$\overline{f_b}$: **5,0 – 7,5 – 10,0 – 12,5 – 15,0 – 17,5 – 20,0 – 25,0 – 30,0 – 35,0 – 40,0 – 50,0**

eingeteilt. Die Festigkeitsklasse wird dabei durch den Wert der mittleren Steindruckfestigkeit am Bruttoquerschnitt des Mauerziegels bestimmt. In Verbindung mit einem Putzmörtel oder einer zusätzlichen Wärmedämmung errechnen sich für Wände aus Ziegeln die in den nachfolgenden Beispielen enthaltenen bauphysikalischen Kennwerte des Wärme- und Schallschutzes (Bilder 040.2-01, 02, 09 bis 14).

Beispiel 040.2-05: Wärme-, Schallschutz Ziegelwände – Außenwand Vollziegel

Dicke [cm] A	B	Schichtbezeichnung	ρ [kg/m³]	λ [W/(mK)]
4,0		Außenputz KZM	1700	1,000
	1,0	Dünnputzsystem	1700	1,000
	d	Wärmedämmung	–	0,040
t	t	Vollziegel	1700	0,760
3,0	3,0	Innenputz KZM	1700	1,000

Variante	d [cm]	Wärmeschutz U-Wert [W/(m²K)] bei Wanddicke t [cm]					Schallschutz R_w [dB] bei Wandstärke t [cm]				
		30	45	60	75	90	30	45	60	75	90
A		1,54	1,18	0,96	0,81	0,70	65	69	73	76	78
B	6	0,47	0,43	0,40	0,37	0,34					
	8	0,38	0,36	0,33	0,31	0,29	63[1]	68[1]	72[1]	75[1]	78[1]
	10	0,32	0,30	0,28	0,27	0,26					
	12	0,28	0,26	0,25	0,24	0,23					

[1] R_w in Abhängigkeit des Wärmedämmsystems minimal: $R_w = R_w-10$; maximal: $R_w = R_w + 35 - R_w/2$

Beispiel 040.2-06: Wärme-, Schallschutz Ziegelwände – Außenwand Hochlochziegel

Dicke [cm] A	B	Schichtbezeichnung	ρ [kg/m³]	λ [W/(mK)]
2,0		Außenputz	1700	1,000
	d	Wärmedämmputz	400	0,180
t	t	Hochlochziegel	siehe Wärme/Schall	
	d	Wärmedämmputz	400	0,180
1,5		Innenputz	1700	0,700

Variante	d [cm]	Wärmeschutz U-Wert [W/(m²K)] bei Wanddicke t [cm]					Schallschutz R_w [dB] bei Wandstärke t [cm]				
		25 λ=0,300	30 λ=0,200	38 λ=0,140	45 λ=0,140	50 λ=0,140	25 ρ=900	30 ρ=800	38 ρ=650	45 ρ=650	50 ρ=650
A		0,96	0,58	0,34	0,29	0,26	53	54[1]	_[2]	_[2]	_[2]
B	3,0	0,75	0,50	0,31	0,27	0,25	52	52[1]	_[2]	_[2]	_[2]
	4,0	0,69	0,47	0,30	0,26	0,24	52	53[1]	_[2]	_[2]	_[2]

[1] Schallschutzwerte können infolge des Lochanteils und der Steggeometrie erheblich unterschritten werden.
[2] Schallschutzwerte sind infolge des Lochanteils und der Steggeometrie durch Versuche zu bestimmen.

Beispiel 040.2-07: Wärme-, Schallschutz Ziegelwände – zweischalige Außenwände

Dicke [cm] A	B	Schichtbezeichnung	ρ [kg/m³]	λ [W/(mK)]
12	12	Vorsatzschale (Klinker)	2000	1,000
	≥4	Hinterlüftung	–	–
d	d	Wärmedämmung	–	0,040
t	t	Hochlochziegel	siehe Wärme/Schall	
1,5	1,5	Innenputz	1600	0,700

		Wärmeschutz U-Wert [W/(m²K)] bei Wanddicke t [cm]				Schallschutz R_w [dB] bei Wandstärke t [cm]			
Variante	d [cm]	17 λ=0,300	20 λ=0,300	25 λ=0,300	30 λ=0,200	17 ρ=900	20 ρ=900	25 ρ=900	30 ρ=800
A	6	0,42	0,40	0,38	0,30				
	8	0,35	0,34	0,32	0,26				
	10	0,30	0,29	0,27	0,23	71[1]	72[1]	73[1]	74[1)3]
	12	0,26	0,25	0,24	0,21				
	15	0,22	0,21	0,20	0,18				
	20	0,17	0,17	0,16	0,15				
B	6	0,43	0,42	0,39	0,31				
	8	0,36	0,34	0,33	0,27				
	10	0,30	0,29	0,28	0,24	47[2]	61[2]	64[2]	64[2)3]
	12	0,26	0,26	0,25	0,21				
	15	0,22	0,21	0,21	0,18				
	20	0,17	0,17	0,16	0,15				

[1] gemäß ÖNORM B 8115-4: R_w für Gesamtmasse + 12 dB
[2] Wert ohne Berücksichtigung der Wirkung der Vorsatzschale
[3] Schallschutzwerte können infolge des Lochanteils und der Steggeometrie erheblich unterschritten werden.

Beispiel 040.2-08: Wärme-, Schallschutz Ziegelwände – tragende Innenwände

Dicke [cm] A	B	C	Schichtbezeichnung	ρ [kg/m³]	λ [W/(mK)]
1,5		1,5	Innenputz		0,700
	t		Hochlochziegel	siehe Wärme/Schall	
		1,5	Vorsatzschale		0,210
	d	d	Wärmedämmung	–	0,040
t	t	t	Hochlochziegel	siehe Wärme/Schall	
1,5	1,5	1,5	Innenputz		0,700

		Wärmeschutz U-Wert [W/(m²K)] bei Wanddicke t [cm]					Schallschutz R_w [dB] bei Wandstärke t [cm]				
Variante	d [cm]	17 λ=0,300	20 λ=0,300	25 λ=0,300	30 λ=0,200	38 λ=0,140	17 ρ=900	20 ρ=900	25 ρ=900	30 ρ=800	38 ρ=650
A		1,15	1,03	0,88	0,55	0,33	49	50	53	54	54
B	4	0,52	0,50	0,46	0,35	0,25					
	6	0,41	0,40	0,37	0,30	0,22					
	8	0,34	0,33	0,31	0,26	0,20	59[1]	60[1]	61[1]	62[1)3]	–[4]
	10	0,29	0,28	0,27	0,23	0,18					
	12	0,26	0,25	0,24	0,21	0,16					
C	4	0,41	0,38	0,34	0,23	0,15					
	6	0,34	0,32	0,29	0,21	0,14					
	8	0,29	0,28	0,25	0,19	0,13	69[2]	71[2]	73[2]	74[2)3]	–[4]
	10	0,25	0,24	0,22	0,17	0,12					
	12	0,23	0,22	0,20	0,16	0,11					

[1] R_w in Abhängigkeit des Wärmedämmsystems minimal: $R_w = R_w - 10$; maximal: $R_w = R_w + 35 - R_w/2$
[2] gemäß ÖNORM B 8115-4: R_w für Gesamtmasse + 12 dB
[3] Schallschutzwerte können infolge des Lochanteils und der Steggeometrie erheblich unterschritten werden.
[4] Schallschutzwerte sind infolge des Lochanteils und der Steggeometrie durch Versuche zu bestimmen.

Beispiel 040.2-09: Wärme-, Schallschutz Ziegelwände – Außenwand HLZ + VWS

Dicke *[cm]*	Schichtbezeichnung	ρ [kg/m³]	λ [W/(mK)]
1,0	Dünnputzsystem	2000	1,000
d	Wärmedämmung	–	0,040
t	Hochlochziegel	siehe Wärme/Schall	
1,5	Innenputz	1600	0,700

Variante	d	Wärmeschutz					Schallschutz				
		U-Wert *[W/(m²K)]* bei Wanddicke t *[cm]*					R_w *[dB]* bei Wandstärke t *[cm]*				
		17	20	25	30	38	17	20	25	30	38
	[cm]	λ=0,300	λ=0,300	λ=0,300	λ=0,200	λ=0,140	ρ=900	ρ=900	ρ=900	ρ=800	ρ=650
	6	0,44	0,42	0,39	0,31	0,23					
	8	0,36	0,35	0,33	0,27	0,20					
	10	0,31	0,30	0,28	0,24	0,18	47[1]	49[1]	52[1]	52[1)2]	–[3]
	12	0,27	0,26	0,25	0,21	0,17					
	15	0,22	0,22	0,21	0,18	0,15					
	20	0,17	0,17	0,16	0,15	0,12					

[1] R_W in Abhängigkeit des Wärmedämmsystems minimal: $R_W = R_W - 10$; maximal: $R_W = R_W + 35 - R_W/2$
[2] Schallschutzwerte können infolge des Lochanteils und der Steggeometrie erheblich unterschritten werden.
[3] Schallschutzwerte sind infolge des Lochanteils und der Steggeometrie durch Versuche zu bestimmen.

040.2.4 ZEMENTGEBUNDENE MAUERSTEINE

Rohstoff für die vielfältigen Produkte aus zementgebundenen Baustoffen ist ein Gemisch aus Wasser, Zement und Zuschlagstoff sowie Zusatzstoffen für die spezielle Anwendung bzw. Verarbeitung. Die Art des Zuschlagstoffes richtet sich nach den Erfordernissen und dem Einsatzort des Erzeugnisses. Die Verwendung von Betonsteinen im Wandbau ist meist auf kleine Objekte mit einer geringen Geschoßanzahl beschränkt.

Leichtbetone
weisen zufolge ihrer porigen Struktur eine gute Wärmedämmung auf. Hochdämmende Leichtbetone mit Raumgewichten bis lediglich 400 kg/m³ erreichen auch in einschaliger Bauweise ohne Zusatzdämmung die geforderten Wärmeschutzwerte bei üblichen Wandabmessungen (30–38 cm). Bei Verarbeitung von nicht hochdämmenden Zuschlagstoffen (konstruktiver Leichtbeton) ist eine zusätzliche Dämmschicht unbedingt erforderlich. Diese kann entweder im Querschnitt integriert oder nachträglich angebracht sein. Anwendung von Leichtbeton: Dämmplatten, Mauer- und Mantelsteine.

Normalbeton
wird wegen seiner hohen Festigkeit und Wasserundurchlässigkeit (bei entsprechender Rezeptur) für tragende und dichtende Bauteile verwendet. Betonwände haben gute luftschalltechnische Eigenschaften und eine gute Wärmespeicherfähigkeit. Eine wärmedämmende Wirkung eines Wandteiles kann nur durch Zusatzdämmung erzielt werden.

Vollblocksteine (VBl)
aus Leicht- oder Normalbeton werden im Wandbau als Außenschale bei zweischaligem Mauerwerk oder mit zusätzlicher Wärmedämmung verwendet. Lochanteil unter 25% (Längs- oder Kreuzschlitze bzw. gelocht bei vollflächigem Mörtelbett), hergestellt aus haufwerkporigem Leichtbeton (Beton poriger Gefügestruktur mit porigem Zuschlag, ρ ≥ 500 kg/m³, f_b = 2 bis 12 N/mm²) oder Normal-

beton (Kies, Splitt, eventuell mit einem Anteil Leichtzuschlag, $\rho \geq 1400$ kg/m³, $f_b = 4$ bis 28 N/mm²). Hauptsächlich verwendet als Schallschutz- oder Kellerstein. Weitere Anwendungsgebiete von Vollsteinen bestehen in der Mauerung von Stützwänden oder als Geh- bzw. Fahrbelag.

Hohlblocksteine (HBl)

weisen vier- oder fünfseitig geschlossene Luftkammern auf, welche in mehreren Reihen mit versetzten Stegen angeordnet sind. Lochanteil zwischen 25% und 50%, fünfseitig geschlossen mit 2 bis 6 Kammerreihen, Mörtelkontakt auf die Stege beschränkt, aus haufwerksporigem Leichtbeton $\rho \geq 500$ kg/m³, $f_b = 2$ bis 6 N/mm² oder Normalbeton ohne/mit Leichtzuschlag, $\rho \geq 1200$ kg/m³, $f_b = 4$ bis 12 N/mm². Die Kammerbildung hat auch den Zweck der Gewichtsminimierung.

Abbildung 040.2-10: Möglichkeiten der Kammerausbildung bei Betonsteinen

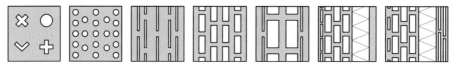

Abbildung 040.2-11: Beispiele für Mauersteine aus Beton nach ÖNORM EN 771-3 [62]

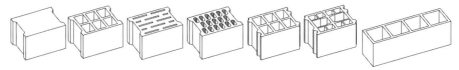

Für die Einteilung der Mauersteine aus Beton in Steinfestigkeitsklassen ist in der ÖNORM B 3206 [39] nachfolgende Tabelle enthalten, wobei der Mittelwert der Steindruckfestigkeit dem Nennwert am Bruttoquerschnitt für die Bemessung gemäß ÖNORM B 3350 [41] entspricht.

Tabelle 040.2-02: Steinfestigkeitsklassen von Betonsteinen ÖNORM B 3206 [39]

Steinfestigkeitsklasse	Steindruckfestigkeit	
	Mittelwert $\overline{f}_b$ [N/mm²]	kleinster Wert [N/mm²]
Hbl/Vbl 1	2,0	1,6
Hbl/Vbl 2	2,4	2,0
Hbl/Vbl 3	3,2	2,7
Hbl/Vbl 4	4,0	3,3
Hbl/Vbl 5	4,8	4,0
Hbl/Vbl 6	6,0	5,0
Hbl/Vbl 8	8,0	6,7
Hbl/Vbl 10	10,0	8,3
Hbl/Vbl 12	12,0	10,0
Hbl/Vbl 15	15,0	12,5
Hbl/Vbl 20	20,0	16,7
Hbl/Vbl 25	25,0	20,8
Hbl/Vbl 30	30,0	25,0

Die Wärmedämmung der Hohlblockwand wird, ähnlich wie bei Ziegelwänden, beeinflusst von der Art des Grundmaterials (Zuschlagstoff, Rohdichte und Gefüge), der Kammeranzahl, Kammergröße, Kammeranordnung und Kammerform, der Stegdicke, Steingröße und Mörtelqualität. Für Hohlblocksteine ohne zusätzliche (integrierte oder nachträgliche) Wärmedämmung kommen praktisch nur Leichtbetone mit Rohdichten < 1000 kg/m³ in Frage.

Beispiel 040.2-10: Kiesbeton Hohlblock- und Vollsteine [81]

Beispiel 040.2-11: Leichtbeton-Hohlblocksteine [85]

Zur Erreichung des vorgeschriebenen Wärmedurchgangswiderstandes sind Wanddicken von 30 bis 38 cm unter Verwendung von wärmedämmenden Leichtmörteln erforderlich. Um bessere Wärmedämmwerte zu erreichen und trotzdem eine hohe Belastbarkeit der Wand zu gewährleisten, ist eine nachträglich aufgebrachte Wärmedämmung (geklebt oder mechanisch befestigt) die günstigste Alternative. Die erforderliche Stärke der Dämmstoffschicht ohne Berücksichtigung der Dämmwirkung des tragenden Wandquerschnittes liegt zwischen 5 und 10 cm. Um die Wärmedämmung vor Witterungseinflüssen zu schützen und ihre Wirksamkeit zu erhalten, stehen die Möglichkeiten einer *„direkt aufgebrachten Deckschicht"* oder einer *„Vorsatzschicht mit oder ohne Hinterlüftung"* zur Auswahl.

Wird die Dämmschicht im Betonstein integriert, so erweitert sich die Wahl des Zuschlagstoffes auch auf Materialien mit höherer Rohdichte und geringer Porosität (z.B. Steinsplitt). Der Vorteil dieser Steinform liegt im geringeren Arbeitsaufwand (im Vergleich zur nachträglich aufgebrachten Dämmung) auf der Baustelle und in der Schaffung eines problemlosen Putzgrundes für den Außenputz. Die beiden massiven Schalen sind durch Betonstege miteinander verbunden.

Ein Vergleich der Steinrohdichte mit der Wärmeleitfähigkeit und der Steindruckfestigkeit von Ziegel- und Leichtbetonhochlochsteinen zeigt, dass bei annähernd gleichen Rohdichte/Wärmeleitfähigkeitsverhältnissen eine erhebliche Differenz in der erzielbaren Steinfestigkeit besteht. Bei 38 cm Wandstärke erreicht der Ziegel die 6-fache Festigkeit gegenüber Leichtbetonsteinen. Die Ursache dafür liegt sowohl im Gefüge des Materials als auch in der Steinstruktur selbst. Leichtbeton, in Verwendung als wärmedämmendes Material, weist ein haufwerksporiges Gefüge (Einkorngefüge) auf, wodurch in Verbindung mit einem wenig druckfesten Korn eine äußerst ungünstige Tragstruktur entsteht (hohe Korn-zu-Korn-Pressung, kleine Haftfläche durch Kugelform des Zuschlagstoffes). Hinzu kommt die hohe Auflösung des Querschnittes, um die Wärmedämmung (= Luftschichten) im Stein zu integrieren (Bilder 040.2-15 bis 17).

Beispiel 040.2-12: Wärme-, Schallschutz von Außenwänden aus Betonsteinen

	Dicke [cm]		Schichtbezeichnung	ρ $[kg/m^3]$	λ $[W/(mK)]$
	A	B			
A	2,0		Außenputz	1700	1,000
		d	Wärmedämmputz	400	0,180
B	t	t	Hohlblockstein	siehe Wärme/Schall	
		d	Wärmedämmputz	400	0,180
	1,5		Innenputz	1600	0,700

Variante	d [cm]	Wärmeschutz U-Wert [W/(m²K)] bei Wanddicke t [cm]				Schallschutz R_w [dB] bei Wandstärke t [cm]			
		25	30	38	45	25	30	38	45
A_1		0,96	0,83	0,68	0,58	53	56	58	60
B_1	3,0	0,75	0,67	0,56	0,50	52	54	57	59
	4,0	0,69	0,62	0,53	0,47	52	54	57	60
A_2		1,30	1,14	0,95	0,83	57	59	62	64
B_2	3,0	0,94	0,85	0,74	0,67	55	58	61	63
	4,0	0,85	0,78	0,69	0,62	56	58	61	63
A_3		1,59	1,41	1,18	1,04	59	61	64	66
B_3	3,0	1,09	1,00	0,88	0,80	57	60	63	65
	4,0	0,97	0,90	0,80	0,73	58	60	63	65

A_1, B_1...λ = 0,300 W/(m²K); ρ = 900 kg/m³ | A_2, B_2...λ = 0,450 W/(m²K); ρ = 1200 kg/m³ | A_3, B_3...λ = 0,600 W/(m²K); ρ = 1400 kg/m³

Beispiel 040.2-13: Wärme-, Schallschutz von Außenwänden aus Betonsteinen + VWS

	Dicke [cm]	Schichtbezeichnung	ρ $[kg/m^3]$	λ $[W/(mK)]$
	1,0	Dünnputzsystem	2000	1,000
	d	Wärmedämmung	–	0,040
	t	Hohlblockstein	siehe Wärme/Schall	
	1,5	Innenputz	1600	0,700

Variante	d [cm]	Wärmeschutz U-Wert [W/(m²K)] bei Wanddicke t [cm]					Schallschutz R_w [dB] bei Wandstärke t [cm]				
		17	20	25	30	38	17	20	25	30	38
A_1	6	0,44	0,42	0,39	0,37	0,34					
	8	0,36	0,35	0,33	0,31	0,29					
	10	0,31	0,30	0,28	0,27	0,25	47[1]	49[1]	52[1]	54[1]	57[1]
	12	0,27	0,26	0,25	0,24	0,22					
	15	0,22	0,22	0,21	0,20	0,19					
	20	0,17	0,17	0,17	0,16	0,15					
A_2	6	0,48	0,47	0,44	0,42	0,39					
	8	0,39	0,38	0,36	0,35	0,33					
	10	0,32	0,32	0,31	0,30	0,28	50[1]	52[1]	55[1]	58[1]	61[1]
	12	0,28	0,27	0,27	0,26	0,25					
	15	0,23	0,23	0,22	0,22	0,21					
	20	0,18	0,18	0,17	0,17	0,17					
A_3	6	0,50	0,49	0,47	0,45	0,43					
	8	0,40	0,39	0,38	0,37	0,35					
	10	0,34	0,33	0,32	0,31	0,30	52[1]	54[1]	57[1]	60[1]	63[1]
	12	0,29	0,28	0,28	0,27	0,26					
	15	0,24	0,23	0,23	0,22	0,22					
	20	0,18	0,18	0,18	0,18	0,17					

A_1, B_1...λ = 0,300 W/(m²K); ρ = 900 kg/m³ | A_2, B_2...λ = 0,450 W/(m²K); ρ = 1200 kg/m³ | A_3, B_3...λ = 0,600 W/(m²K); ρ = 1400 kg/m³
[1] R_w in Abhängigkeit des Wärmedämmsystems minimal: R_w = R_w-10; maximal: R_w = R_w+35-R_w/2

Im Hinblick auf eine bestmögliche Ausnutzung der Vorteile des Leichtbetonsteines sollte daher

- eine 25 cm starke Wand nur für tragende Innenwände oder in mehrschichtiger oder mehrschaliger Konstruktion für Außenwände,
- eine 30 cm starke Wand in mehrschichtiger Bauweise für Außenwände, oder
- eine 38 cm starke Wand mit integrierter Dämmung oder in mehrschichtiger Bauweise für Außenwände ausgeführt werden.

Beispiel 040.2-14: Wärme-, Schallschutz von Innenwänden aus Betonsteinen

	Dicke [cm]			Schichtbezeichnung	ρ [kg/m³]	λ [W/(mK)]
	A	B	C			
A	1,5		1,5	Innenputz	1600	0,700
B			t	Hohlblockstein	siehe Wärme/Schall	
C			1,5	Vorsatzschale	900	0,210
		d	d	Wärmedämmung	–	0,040
	t	t	t	Hohlblockstein	siehe Wärme/Schall	
	1,5	1,5	1,5	Innenputz	1600	0,700

Variante	d [cm]	Wärmeschutz U-Wert [W/(m²K)] bei Wanddicke t [cm]					Schallschutz R_w [dB] bei Wandstärke t [cm]				
		17	20	25	30	38	17	20	25	30	38
A₁		1,15	1,03	0,88	0,77	0,64	49	50	53	55	58
B₁	4	0,52	0,50	0,46	0,43	0,38					
	6	0,41	0,40	0,37	0,35	0,32					
	8	0,34	0,33	0,31	0,30	0,28	58	59	61	62	64
	10	0,29	0,28	0,27	0,26	0,24					
	12	0,26	0,25	0,24	0,23	0,22					
C₁	4	0,41	0,38	0,34	0,30	0,26					
	6	0,34	0,32	0,29	0,26	0,23					
	8	0,29	0,28	0,25	0,23	0,21	69[1]	71[1]	73[1]	76[1]	79[1]
	10	0,25	0,24	0,22	0,21	0,19					
	12	0,23	0,22	0,20	0,19	0,17					
A₂		1,47	1,34	1,16	1,03	0,87	52	54	56	59	62
B₂	4	0,58	0,56	0,52	0,50	0,46					
	6	0,45	0,44	0,42	0,40	0,37					
	8	0,37	0,36	0,34	0,33	0,31	60	61	63	64	65
	10	0,31	0,30	0,29	0,28	0,27					
	12	0,27	0,26	0,26	0,25	0,24					
C₂	4	0,49	0,46	0,41	0,38	0,33					
	6	0,39	0,37	0,34	0,32	0,29					
	8	0,33	0,31	0,29	0,28	0,25	72[1]	74[1]	77[1]	79[1]	83[1]
	10	0,28	0,27	0,26	0,24	0,22					
	12	0,25	0,24	0,23	0,22	0,20					
A₃		1,71	1,54	1,39	1,25	1,07	54	56	58	61	64
B₃	4	0,61	0,59	0,57	0,54	0,50					
	6	0,47	0,46	0,44	0,43	0,40					
	8	0,38	0,37	0,36	0,35	0,33	61	62	64	65	66
	10	0,32	0,31	0,31	0,30	0,29					
	12	0,28	0,27	0,27	0,26	0,25					
C₃	4	0,53	0,51	0,47	0,43	0,39					
	6	0,42	0,40	0,38	0,36	0,33					
	8	0,35	0,34	0,32	0,30	0,28	74[1]	76[1]	79[1]	82[1]	85[1]
	10	0,30	0,29	0,28	0,26	0,25					
	12	0,26	0,25	0,24	0,23	0,22					

A₁, B₁, C₁...λ = 0,300 W/(m²K); ρ = 900 kg/m³ | A₂, B₂, C₂...λ = 0,450 W/(m²K); ρ = 1200 kg/m³ | A₃, B₃, C₃...λ = 0,600 W/(m²K); ρ = 1400 kg/m³
[1] gemäß ÖNORM B 8115-4: R_w für Gesamtmasse + 12 dB

040.2.5 PORENBETONSTEINE

Porenbeton gehört zur Gruppe der Leichtbetone. Seine Stärke liegt vor allem darin, dass er massive, monolithische Konstruktionen ermöglicht, welche gleichzeitig die Anforderungen an die Tragfähigkeit, den Wärme- und Schallschutz sowie den Brandschutz erfüllen (Bilder 040.2-18 bis 24).

Gegen Ende des 19. Jahrhunderts wurde versucht, künstliche Bausteine in großen Mengen und in gleich bleibender Qualität aus den natürlichen Rohstoffen Quarzsand und Kalk herzustellen. Im Jahre 1914 erhielten J. W. Aylsworth und F. A. Dyer ein Patent für ein neues Verfahren. Bei der Reaktion von Kalk, Wasser und Metallpulver wird gasförmiger Wasserstoff frei, und dieser bläht den Mörtel gleichmäßig auf wie beispielsweise die Hefe den Kuchenteig. J. A. Erikson produzierte erstmals 1924 fabriksmäßig Porenbeton, kombinierte dabei das Verfahren von Aylsworth und Dyer mit der Dampfdruckhärtung und schuf so den modernen Porenbeton.

Die wesentlichen Grundstoffe für Porenbeton sind quarzhaltiger Sand, Kalk, Zement und Wasser. Bestimmte Rezepturen enthalten zusätzlich geringe Anteile Gips oder Anhydrit, als porenbildendes Treibmittel wird Aluminiumpulver beigegeben. Die Rohstoffe werden auf Mehlfeinheit gemahlen, gemischt, in Formwagen gegossen und darin zum Auftreiben gebracht. Nach dem Abbinden der Masse werden die halbfesten Rohlinge mit Drahtsägen exakt auf gewünschte Formate geschnitten und in Härtekesseln (Autoklaven) bei ca. 180°C und etwa 10 bar Druck bis zur Endfestigkeit dampfgehärtet. Durch die unterschiedliche Zugabe von Treibmittel wird der Porenanteil gesteuert und so verschiedene Festigkeiten und Dämmeigenschaften erzielt.

Tabelle 040.2-03: Grundstoffe von Porenbeton

Grundstoff		Anteil	
Quarzsand	SiO_2	60	– 70%
Kalk	CaO	10	– 20%
Zement		5	– 20%
Anhydrit	$CaSO_4$	1	– 3%
Aluminium (als Treibmittel)	Al	0,05 –	0,1%
Wasser	H_2O		

Nach dem Aushärten ist in den kleinen, geschlossenen Poren nur wärmedämmende Luft. Die druckfesten Porenwände sind im Wesentlichen Kalzium-Silikathydrate, die dem in der Natur vorkommenden Mineral Tobermorit entsprechen. In einem ressourcenschonenden Herstellungverfahren werden aus 1 m³ festen Rohstoffen etwa 5 m³ Porenbeton hergestellt. Die Herstellung erfolgt gemäß ÖNORM EN 771-4: *„Festlegungen für Mauersteine – Teil 4: Porenbetonsteine"* [63] bzw. gemäß ÖNORM B 3209: *„Porenbetonsteine – Anforderungen und Prüfungen"* [40].

Die Maximalabmessungen der Steine sind in der ÖNORM EN 771-4 mit einer Länge von 150 cm, einer Breite (Wandstärke) von 60 cm und einer Höhe von 100 cm festgelegt. Die praktischen Steinabmessungen laut ÖNORM B 3209 sind in Tabelle 040.2-04 zusammengefasst.

Tabelle 040.2-04: Abmessungen Porenbetonsteine [40]

Dimensionen	Abmessungen [mm]
Länge	399, 499, 599, 624
Breite (Wandstärke)	50, 75, 80, 100, 120, 125, 150, 175, 200, 240, 250, 300, 350, 365, 400
Höhe	199, 249, 499, 999

Tabelle 040.2-05: Kennzeichnung, Materialkennwerte Porenbetonsteine [40]

Festig-keits-klasse	Druckfestigkeit Mittelwert $\overline{f_b}$ [N/mm²]	kleinster Einzelwert [N/mm²]	Farbkenn-zeichnung	Roh-dichte-klasse	mittlere Trocken-rohdichte [kg/dm³]
2	2,5	2,0	gelb	0,35	> 0,30 – 0,35
				0,40	> 0,35 – 0,40
				0,45	> 0,40 – 0,45
				0,50	> 0,45 – 0,50
4	5,0	4,0	blau	0,55	> 0,50 – 0,55
				0,60	> 0,55 – 0,60
				0,65	> 0,60 – 0,65
				0,70	> 0,65 – 0,70
				0,80	> 0,70 – 0,80
6	7,5	6,0	rot	0,65	> 0,60 – 0,65
				0,70	> 0,65 – 0,70
				0,80	> 0,70 – 0,80
8	10,0	8,0	schwarz	0,80	> 0,70 – 0,80
				0,90	> 0,80 – 0,90
				1,00	> 0,90 – 1,00

Porenbetonsteine sind Vollsteine und haben allseits rechtwinkelig zueinander stehende Flächen, die stirnseitig glatt sind bzw. Nut und Feder oder Vergussnuten aufweisen können und im Dünnbett (Dünnbettmörtel) oder im Dickbett (Leichtmauermörtel) verarbeitet werden. Derzeit befinden sich für die Wandherstellung Verbundsteine und Plansteine sowie geschoßhohe Wandelemente auf dem Markt.

Tabelle 040.2-06: Produktübersicht Porenbetonsteine [92]

		Verbundstein PP 2	Verbundstein PP 4	Verbundstein PP 6	Planstein PP 2
Steindruckfestigkeit	[N/mm²]	2,50	5,00	7,50	2,50
Rohdichteklasse	[–]	0,40	0,60	0,80	0,50
Wärmeleitfähigkeit	[W/(mK)]	0,11	0,16	0,21	0,13
Rechenwert Eigenlast	[kN/m³]	5,00	7,00	9,00	6,00
Diffusionswiderstand	[–]	5; 10			5; 10
Länge	[mm]	600			600
Höhe	[mm]	200; 500			250
Breite	[mm]	100; 120; 150; 200; 240; 300; 400			50; 75; 100; 120; 150; 200; 250

Beispiel 040.2-15: Porenbetonsteine [92]

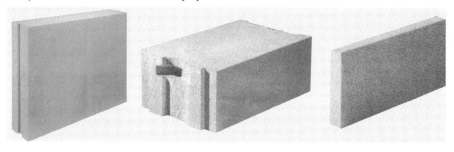

Beispiel 040.2-16: Wärme-, Schallschutz von Außenwänden aus Porenbeton

Dicke [cm] A	Dicke [cm] B	Schichtbezeichnung	ρ [kg/m³]	λ [W/(mK)]
2,0		Außenputz	1700	1,000
	1,0	Dünnputzsystem	2000	1,000
	d	Wärmedämmung	–	0,040
t	t	Porenbetonstein	600	0,160
1,0	1,0	Innenputz	1600	0,700

Variante	d [cm]	Wärmeschutz U-Wert [W/(m²K)] bei Wanddicke t [cm]				Schallschutz R_w [dB] bei Wandstärke t [cm]			
		20	24	30	40	20	24	30	40
A		0,69	0,59	0,48	0,37	46	48	51	54
B	6	0,34	0,31	0,28	0,24				
	8	0,29	0,27	0,25	0,21				
	10	0,25	0,24	0,22	0,19	$43^{1)}$	$45^{1)}$	$48^{1)}$	$52^{1)}$
	12	0,23	0,21	0,20	0,18				
	15	0,19	0,18	0,17	0,16				
	20	0,16	0,15	0,14	0,13				

[1] R_W in Abhängigkeit des Wärmedämmsystems minimal: $R_W = R_W-10$; maximal: $R_W = R_W+35-R_W/2$

Beispiel 040.2-17: Wärme-, Schallschutz von Innenwänden aus Porenbeton

Dicke [cm] A	B	C	Schichtbezeichnung	ρ [kg/m³]	λ [W/(mK)]
1,5		1,5	Innenputz	1600	0,700
	t		Porenbetonstein	600	0,160
		1,5	Vorsatzschale	900	0,210
	d	d	Wärmedämmung	–	0,040
t	t	t	Porenbetonstein	600	0,160
1,0	1,0	1,0	Innenputz	1600	0,700

Variante	d [cm]	Wärmeschutz U-Wert [W/(m²K)] bei Wanddicke t [cm]				Schallschutz R_w [dB] bei Wandstärke t [cm]			
		20	24	30	40	20	24	30	40
A		0,64	0,55	0,46	0,36	45	46	48	50
B	4	0,38	0,35	0,31	0,26				
	6	0,32	0,30	0,27	0,23				
	8	0,28	0,26	0,24	0,21	56	57	58	59
	10	0,24	0,23	0,21	0,19				
	12	0,22	0,21	0,19	0,17				
C	4	0,26	0,23	0,20	0,16				
	6	0,23	0,21	0,18	0,15				
	8	0,21	0,19	0,17	0,14	$64^{1)}$	$66^{1)}$	$68^{1)}$	$71^{1)}$
	10	0,19	0,17	0,15	0,13				
	12	0,17	0,16	0,14	0,12				

[1] gemäß ÖNORM B 8115-4: R_W für Gesamtmasse + 12 dB

040.2.6 KALKSANDSTEINE

Kalksandsteine sind Mauersteine, die aus den natürlichen Rohstoffen Kalk und kieselsäurehaltigen Zuschlägen (Sand) hergestellt, nach innigem Mischen verdichtet, geformt und unter Dampfdruck gehärtet werden. Die Zuschlagarten sollen DIN 4226-1

[32] entsprechen. Die Verwendung von Zuschlagarten nach DIN 4226-2 [33] (Leicht-zuschläge) ist zulässig, soweit hierdurch die Eigenschaften der KS-Steine nicht un-günstig beeinflusst werden. Kalksandsteine werden für tragendes und nichttragendes Mauerwerk vorwiegend zur Erstellung von Außen- und Innenwänden verwendet. Für tragende und nichttragende Außenwände gilt DIN 1053-1 [29], für nichttragende In-nenwände DIN 4103-1 [31] (Bilder 040.2-25 bis 34).

Als am 05. Oktober 1880 ein Patent zur Erzeugung von Kalksandsteinen an Dr. Mi-chaelis in Berlin erteilt wurde, konnte niemand ahnen, welcher Erfolg dieser Entwick-lung beschieden sein würde. Die Formgebung durch Pressen und die Hochdruck-dampfhärtung ermöglichten bereits am Ende des 19. Jahrhunderts eine industrielle KS-Produktion. Im Jahre 1900 wurden rd. 300 Mio. Steine und 1905 bereits 1 Mrd. KS-Steine produziert. Durch die schnelle Marktverbreitung und das „Vertrauen" zu diesem Mauerstein erschien bereits 1927 die erste Ausgabe der Kalksandsteinnorm DIN V 106 [35]. Seitdem unterliegen KS-Produkte einem ständigen Verfahren zum Nachweis der Übereinstimmung mit den technischen Spezifikationen, das aus einer werkseigenen Produktionskontrolle und einer Fremdüberwachung besteht.

Die DIN V 106 [35] besteht aus zwei Teilen, in denen die Steinarten und Steingruppen – Voll-, Loch-, Block-, Hohlblocksteine, Plansteine, Planelemente, Fasensteine, Bauplatten, Formsteine sowie Vormauersteine und Verblender – beschrieben sind. Nach DIN 1053-1 [29] wird unterschieden in:

KS-Vollsteine (KS)

sind – abgesehen von den durchgehenden Grifföffnungen oder Hantierlöchern – Mauersteine mit einer Steinhöhe von ≤ 123 mm, deren Querschnitt durch Lo-chung senkrecht zur Lagerfläche bis zu 15% gemindert sein darf.

KS-Lochsteine (KS L)

sind – abgesehen von durchgehenden Grifföffnungen oder Hantierlöchern – fünfseitig geschlossene Mauersteine mit einer Steinhöhe von ≤ 123 mm, deren Querschnitt durch Lochung senkrecht zur Lagerfläche um mehr als 15% gemin-dert sein darf.

KS-Blocksteine (KS-R)

sind – abgesehen von durchgehenden Grifföffnungen oder Hantierlöchern – fünfseitig geschlossene Mauersteine mit Steinhöhen > 123 mm, deren Quer-schnitt durch Lochung senkrecht zur Lagerfläche bis zu 15% gemindert sein darf.

KS-Hohlblocksteine (KS L-R)

sind – abgesehen von durchgehenden Grifföffnungen oder Hantierlöchern – fünfseitig geschlossene Mauersteine mit Steinhöhen > 123 mm, deren Quer-schnitt durch Lochung senkrecht zur Lagerfläche um mehr als 15% gemindert sein darf.

KS-Plansteine (KS (P))

sind Voll-, Loch-, Block- und Hohlblocksteine, die in Dünnbettmörtel zu versetzen sind. Es werden erhöhte Anforderungen an die zulässigen Grenzabmaße für die Höhe gestellt.

KS-Planelemente (KS XL)

sind großformatige KS-Vollsteine mit einer Höhe > 248 mm und einer Länge ≥ 498 mm, deren Querschnitt durch Lochung senkrecht zur Lagerfläche bis zu 15% gemindert sein darf und an die erhöhte Anforderung hinsichtlich der Grenzabmaße für die Höhe gestellt werden. KS XL werden unterteilt in werkseitig konfektionierte Bausätze (KS XL-PE) und Rasterelemente im Baukastenprinzip – oktametrisches Raster – (KS XL-RE). Für die Anwendung von KS XL sind zzt. noch bauaufsichtliche Zulassungen erforderlich.

Die Verarbeitung der Kalksandsteine erfolgt entweder mit einem Normalmörtel für Blocksteine oder einem Dünnbettmörtel für Plansteine. Für das Versetzen größerer Steinformate ist die Verwendung eines Versetzgerätes erforderlich.

Tabelle 040.2-07: KS-Steinbezeichnungen und Kurzbezeichnungen nach DIN V 106 [35]

Kurzbe-zeichnung	Steinbezeichnung	Kurzbe-zeichnung	Steinbezeichnung
KS	KS-Vollstein	KS Vm	KS-Vormauerstein (Vollstein)
KS L	KS-Lochstein	KS VmL	KS-Vormauerstein (Lochstein)
KS-R	KS-R-Stein (h ≤ 113 mm)	KS Vb	KS-Verblender (Vollstein)
KS-R	KS-R-Blockstein (h > 123 mm)	KS VbL	KS-Verblender (Lochstein)
KS L-R	KS-R-Hohlblockstein (h > 123 mm)	KS XL	KS-Planelement und Rasterelement
KS-R(P)	KS-R-Planstein (h ≤ 123 mm)	KS XL-PE	KS-Planelement
KS-R(P)	KS-R-großformatiger Planstein (h > 123 mm)	KS XL-PE	KS-Rasterelement
		KS-P	KS-Bauplatte
KS L-R(P)	KS-R-Plan-Hohlblockstein (h > 123 mm)	KS-F	KS-Fasenstein

Tabelle 040.2-08: Übersicht Kalksandsteinformate nach DIN 1053 [28]

KS-Steine KS-Verblender	KS-R-Steine KS-R-Blocksteine KS-R-Plansteine	KS-R-Blocksteine KS-R Plansteine	KS XL-Rasterelemente	KS XL-Planelemente

beispielhafte Abmessungen (l x b x h) [mm]

DF 240 x 115 x 52	4 DF 248 x 240 x 113	8 DF 498 x 115 x 238	498 x d x 498	998 x 115 x 498
NF 240 x 115 x 71	5 DF 248 x 300 x 113	10 DF 498 x 150 x 238	373 x d x 498	998 x 150 x 498
2 DF 240 x 115 x 113	6 DF 248 x 365 x 113	12 DF 498 x 175 x 238	248 x d x 498	998 x 175 x 498
3 DF 240 x 175 x 113	4 DF 248 x 115 x 238	14 DF 498 x 200 x 238	248 x d x 248	998 x 200 x 498
4 DF 240 x 240 x 113	5 DF 248 x 150 x 238	16 DF 498 x 240 x 238	248 x d x 123	998 x 240 x 498
5 DF 300 x 240 x 113	6 DF 248 x 175 x 238	20 DF 498 x 300 x 238	d=115, 150, 200, 240, 300, 365	998 x 300 x 498
	7 DF 248 x 200 x 238			
	8 DF 248 x 240 x 238			
	10 DF 248 x 300 x 238			
	12 DF 248 x 365 x 238			

Beispiel 040.2-18: Bezeichnung Kalksandstein

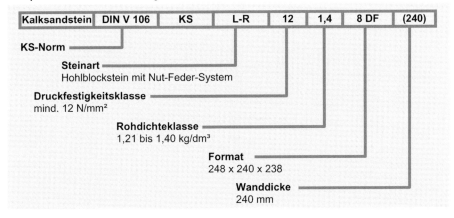

| Kalksandstein | DIN V 106 | KS | L-R | 12 | 1,4 | 8 DF | (240) |

KS-Norm
Steinart
Hohlblockstein mit Nut-Feder-System
Druckfestigkeitsklasse
mind. 12 N/mm²
Rohdichteklasse
1,21 bis 1,40 kg/dm³
Format
248 x 240 x 238
Wanddicke
240 mm

Beispiel 040.2-19: Kalksandsteine [95]

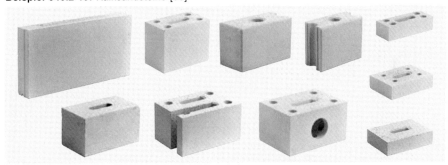

Beispiel 040.2-20: Wärme-, Schallschutz von Innenwänden aus Kalksandsteinen

	Dicke [cm]			Schichtbezeichnung	ρ [kg/m³]	λ [W/(mK)]
	A	B	C			
	1,0		1,0	Innenputz	1600	0,700
			t	Kalksandstein	1400	0,560
			1,5	Vorsatzschale	900	0,210
		d	d	Wärmedämmung	–	0,040
	t	t	t	Kalksandstein	900	0,560
	1,0	1,0	1,0	Innenputz	1600	0,700

Variante	d [cm]	Wärmeschutz U-Wert [W/(m²K)] bei Wanddicke t [cm]					Schallschutz R_w [dB] bei Wandstärke t [cm]				
		17,5	20	24	30	36,5	17,5	20	24	30	36,5
A		1,66	1,55	1,39	1,21	1,06	54	56	58	61	63
B	4	0,60	0,59	0,56	0,53	0,50					
	6	0,46	0,45	0,44	0,42	0,40					
	8	0,38	0,37	0,36	0,35	0,33	61	62	63	65	66
	10	0,32	0,31	0,31	0,30	0,29					
	12	0,27	0,27	0,26	0,26	0,25					
C	4	0,52	0,50	0,47	0,42	0,39					
	6	0,41	0,40	0,38	0,35	0,32					
	8	0,34	0,33	0,32	0,30	0,28	74[1]	76[1]	79[1]	82[1]	84[1]
	10	0,29	0,29	0,27	0,26	0,24					
	12	0,26	0,25	0,24	0,23	0,22					

[1] gemäß ÖNORM B 8115-4: R_w für Gesamtmasse + 12 dB

Zur Erfüllung des Wärmeschutzes von Außenwänden ist bei Kalksandsteinen immer eine zusätzliche Wärmedämmschicht anzubringen, der Luftschallschutz ist im Regelfall durch die Steinmasse gegeben.

Beispiel 040.2-21: Wärme-, Schallschutz von Außenwänden aus Kalksandsteinen

Dicke [cm]		Schichtbezeichnung	ρ	λ
A	B		[kg/m³]	[W/(mK)]
11,5	11,5	Vorsatzschale	1600	0,700
	≥ 4	Hinterlüftung	–	–
d	d	Wärmedämmung	–	0,004
t	t	Kalksandstein	1400	0,560
1,5	1,5	Innenputz	1600	0,700

Variante	d [cm]	Wärmeschutz U-Wert [W/(m²K)] bei Wanddicke t [cm]					Schallschutz R$_w$ [dB] bei Wandstärke t [cm]				
		17,5	20	24	30	36,5	17,5	20	24	30	36,5
A	6	0,45	0,44	0,43	0,41	0,39					
	8	0,37	0,36	0,35	0,34	0,33					
	10	0,31	0,31	0,30	0,29	0,28	72[1)	73[1)	75[1)	77[1)	79[1)
	12	0,27	0,27	0,26	0,25	0,25					
	15	0,22	0,22	0,22	0,21	0,21					
	20	0,18	0,17	0,17	0,17	0,17					
B	6	0,51	0,50	0,48	0,46	0,43					
	8	0,41	0,40	0,39	0,37	0,36					
	10	0,34	0,33	0,32	0,31	0,30	51[2)	53[2)	56[2)	59[2)	62[2)
	12	0,29	0,29	0,28	0,27	0,26					
	15	0,24	0,23	0,23	0,23	0,22					
	20	0,18	0,18	0,18	0,18	0,17					

[1)] gemäß ÖNORM B 8115-4: R$_w$ für Gesamtmasse + 12 dB
[2)] Mindestwert ohne Berücksichtigung der Wirkung der Vorsatzschale

040.2.7 ERGÄNZUNGSBAUTEILE

Als Ergänzungsbauteile für Mauerwerk werden alle Komponenten verstanden, die zusätzlich zu Mauersteinen und Mauermörtel für die Wandbildung verwendet werden. Bei den üblichen Bauweisen sind dies hauptsächlich Überlagen, Stürze und Roststeine sowie Maueranker, Zugbänder und Konsolen. Speziell für bewehrtes Mauerwerk ist auch noch eine Lagerfugenbewehrung den Ergänzungsbauteilen zuzurechnen.

Tabelle 040.2-09: Europäische Normen für Ergänzungsbauteile im Mauerwerk

ÖNORM	Titel
EN 845-1	Festlegungen für Ergänzungsbauteile für Mauerwerk Teil 1: Maueranker, Zugbänder, Auflager und Konsolen
EN 845-2	Festlegungen für Ergänzungsbauteile für Mauerwerk Teil 2: Stürze
EN 845-3	Festlegungen für Ergänzungsbauteile für Mauerwerk Teil 3: Lagerfugenbewehrung aus Stahl

040.2.7.1 MAUERANKER

Maueranker dienen der Verbindung von Vorsatzschalen mit dem tragenden Mauerwerk. Hinsichtlich ihrer Ausbildungsform kann in symmetrische und asymmetrische Anker unterschieden werden. Die planmäßige Verankerungslänge von Mauerankern

muss mindestens 4 cm betragen. Die Art der Verankerung ist auf die jeweilige Beanspruchung auszulegen, so dass Zug-, Druck- oder Schubtragfähigkeiten zu fordern
sind. Gleichzeitig muss auch eine Verschiebung (meist resultierend aus einer thermi-
schen Längenänderung der Vorsatzschale) im Belastungszustand möglich sein.

Abbildung 040.2-12: Maueranker – Maße und Benennungen [64]

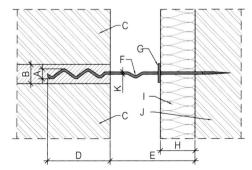

A PROFILHÖHE
B DICKE DER MÖRTELFUGE
C AUSSENSCHALE
D VERANKERUNGSLÄNGE
E SCHALENABSTAND
F TROPFNASE
G HALTERUNG FÜR WÄRME-
   DÄMMUNG
H DICKE DER WÄRMEDÄMMUNG
I WÄRMEDÄMMUNG
J INNENSCHALE
K DRAHTDURCHMESSER

Abbildung 040.2-13: Befestigungsarten asymmetrischer Maueranker [64]

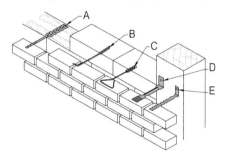

A IM MÖRTEL VERANKERT
B SCHRAUBENBEFESTIGUNG
C VERBUNDDÜBEL
D AM HOLZRAHMEN ANGESCHRAUBT
E AM HOLZRAHMEN ANGENAGELT

Abbildung 040.2-14: Beispiele für Konsolen [64]

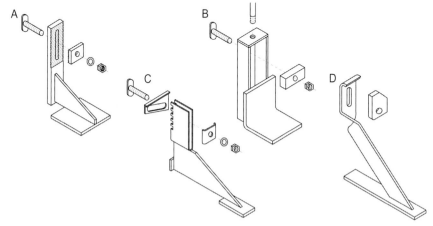

A ZUM AUSRICHTEN DURCH RIPPENPLATTEN
B ZUM AUSRICHTEN DURCH SCHRAUBEN
C ZUM AUSRICHTEN DURCH BEWEGLICHEN WINKELEINSCHUB
D ZUM AUSRICHTEN DURCH NOCKENSCHEIBE

Eine spezielle Art von Maueranker stellen Konsolen dar, sie weisen eine Tragfähigkeit bei überwiegend vertikaler Belastung auf und übernehmen hauptsächlich die Eigenlasten aus den Vorsatzschalen. Zur Vermeidung von Rissbildungen sollten die maximalen vertikalen Verformungen bei einem Drittel des deklarierten Wertes der Tragfähigkeit 2 mm nicht überschreiten.

040.2.7.2 STÜRZE

Nach dem Anwendungsbereich der ÖNORM EN 845-2 [65] bestehen vorgefertigte Stürze aus Stahl, Porenbeton, Betonwerksteinen, Beton, Mauerziegeln, Kalksandsteinen, Natursteinen oder einer Kombination dieser Baustoffe und sind mit Stützweiten, entsprechend einer maximalen lichten Weite von 4,50 m, begrenzt. Nach der Art der Herstellung kann zwischen vorgefertigten Stürzen und teilweise vorgefertigten Stürzen – die auf der Baustelle noch eines ergänzenden Mauerwerks oder Betons bedürfen – unterschieden werden (Bilder 040.2-09, 19 und 34).

Abbildung 040.2-15: Stürze [65]

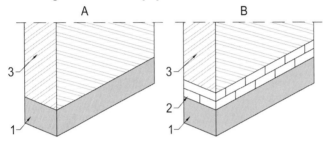

A   B

1   STURZ
2   ERGÄNZENDES
    BAUTEIL
3   AUFLIEGENDES
    MAUERWERK

A   VORGEFERTIGTER STURZ
B   TEILWEISE VORGEFERTIGTER STURZ

Beispiel 040.2-22: Überlager und Stürze, Rostziegel [90][78]

040.2.7.3 LAGERFUGENBEWEHRUNG

Lagerfugenbewehrungen dienen entweder zur Ausbildung von bewehrtem Mauerwerk oder zur Reduktion bzw. Verhinderung von Rissbildungen im Bereich von Öffnungen. Nach den Anforderungen der ÖNORM EN 845-3 [66] können Produkte aus geschweißten Stahlgittern und Stahldrahtgeflechte aus glattem, profiliertem oder geripptem Draht, die entweder aus korrosionsgeschütztem oder korrosionsbeständigem Stahl bestehen, verwendet werden. Ebenfalls als Lagerfugenbewehrung ist der Einsatz von Streckmetallgittern möglich.

Abbildung 040.2-16: Lagerfugenbewehrung [66]

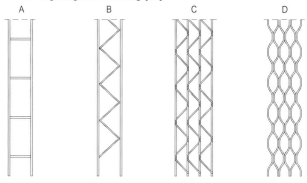

```
A        B        C        D
```

A STAHLDRAHTGEFLECHT
B STRECKMETALLGITTER
C MATTENARTIGE BEWEHRUNG
D MATTENARTIGE BEWEHRUNG

040.2.8 DIMENSIONIERUNG VON MAUERWERK

Besonders komplizierte Rechenmodelle zur Erfassung der Tragfähigkeit des Mauerwerks sollten immer in Relation zur Qualität bautechnischen Umsetzung gesehen
werden, welche auch oft bei jeder Witterung, unter Zeitdruck und eventuell von
minder qualifizierten Arbeitern erfolgt. Weiters können umfassende Installationsarbei-
ten im sanitären und elektrischen Bereich zu einer Reduktion des wirksamen
Querschnittes eines Wandteils führen, wodurch ein Zusammenhang zwischen Theorie und Praxis nur mehr sehr bedingt gegeben ist. Als maßgebliche Faktoren für die
Mauerwerksfestigkeit unter zentrischem Druck – der wesentlichsten Beanspru-
chungsart – können folgende Parameter angeführt werden:

Material:	• Druckfestigkeit von Stein und Mörtel
	• Zugfestigkeit von Stein und Mörtel
	• Verformungsverhalten (Elastizitätsmodul, Querdehnmodul)
	• Kriechverhalten von Stein und Mörtel
	• Streuung der Materialparameter
	• Steingeometrie (Höhe, Querschnitt, Lochbild, Stegdicke)
	• Saugvermögen des Steines
	• Wasserrückhaltevermögen des Mörtels
	• Haftfestigkeit von Mörtel auf Stein.
Wand:	• Wandhöhe/Wanddicke (Schlankheit)
	• ungewollte Ausmitte
	• Lagerungsbedingungen
	• Steinverband
	• Lagerfugendicke/Steinhöhe
	• Art der Stoßfugenverfüllung.
Ausführung:	• ordnungsgemäßer Verband
	• Einhaltung der Handwerksregeln (kein Hacken von Steinen, entsprechendes Vornässen der Steine, kein Aufrühren bereits angesteifter Mörtel)
	• entsprechende Konsistenz des Mörtels
	• Beachtung der Temperatur.

Abhängig von der Gewichtung der unterschiedlichen Parameter können viele Wege
zur rechnerischen Erfassung der Mauerwerksfestigkeit eingeschlagen werden.

Die ÖNORM B3350 basiert auf einem vereinfachten Verfahren und ist für die Konstruktion, statische Berechnung und Ausführung von tragenden und aussteifenden Wänden aus Mauerwerk, Mantelbeton oder unbewehrtem Beton anzuwenden. Darüber hinaus enthält sie Bestimmungen über Decken, soweit die Wechselwirkung Wand/Decke von maßgebendem Einfluss auf das Tragverhalten des Bauwerkes ist. Im Sinne der übernationalen Harmonisierungsbestrebungen ist die ÖNORM B 3350 [41] weitestgehend an die internationalen Empfehlungen, an das semiprobabilistische Sicherheitskonzept sowie an den EUROCODE 6 (ÖNORM ENV 1996-1-1 [36]), insbesondere an das vereinfachte Verfahren gemäß ÖNORM ENV 1996-3 [37], angepasst.

Die Anwendung der Nachweisverfahren sowie der Konstruktions- und Ausführungsregeln dieser ÖNORM ist beschränkt auf Hochbauten wie beispielsweise Wohnhäuser, Verwaltungsbauten mit einem Erdgeschoß und maximal fünf Obergeschoßen, Deckenstützweiten $\leq 7,0$ m, Nutzlasten ≤ 5 kN/m^2 und Rohbaulichten $\leq 3,50$ m. Ausgehend von einer Geschoßhöhe von 3,50 m und einer Deckenstärke von 25 cm ist somit ein Bauwerk mit einer Höhe von bis zu 22,5 m möglich. Die Höhenbegrenzung des vereinfachten Bemessungsverfahrens ENV 1996-3 [37] liegt vergleichsweise derzeit bei 20 m. Werden die Voraussetzungen nicht erfüllt, ist für Mauerwerk ein genauer Nachweis gemäß ÖNORM ENV 1996-1-1 [36] bzw. für Wände aus Beton gemäß ÖNORM ENV 1992-1-1 [72] und ÖNORM ENV 1992-1-6 [77] zu führen.

Im Mauerwerksbau wird der statische Nachweis nur mehr über die Grenzzustände der Tragfähigkeiten geführt. Der Grenzzustand der Tragfähigkeit ist ein Zustand, der das Versagen eines Bauteiles oder Bauwerkes kennzeichnet bzw. anzeigt oder aber auf andere Weise die Sicherheit von Menschen betrifft. Bei der Bemessung von Wänden im Sinne dieser ÖNORM ist nur dieser Grenzzustand von Bedeutung.

Es ist dabei nachzuweisen, dass

$$N_{Sd} \leq N_{Rd} \quad \textbf{bzw.} \quad V_{Sd} \leq V_{Rd} \quad\quad\quad (040.2\text{-}03)$$

ist, wobei unter N_{Sd} bzw. N_{Rd} die Bemessungswerte der aufzunehmenden bzw. aufnehmbaren vertikalen Schnittkräfte verstanden werden und unter V_{Sd} bzw. V_{Rd} die Bemessungswerte der aufzunehmenden bzw. aufnehmbaren horizontalen Schnittkräfte. Ausgegangen wird hierbei von den charakteristischen Werten der Einwirkungen bzw. den Widerständen (Festigkeiten) unter Berücksichtigung der zugeordneten Teilsicherheitsbeiwerte. Die Nachweise der Tragfähigkeit sind dabei in zweckmäßig unterteilten Abschnitten – mit annähernd gleichen Beanspruchungen – zu führen.

040.2.8.1 BEMESSUNGSWERTE DER EINWIRKUNGEN

Grundsätzlich hat die Ermittlung der vertikalen und horizontalen Bemessungslasten auf der Grundlage des semiprobabilistischen Sicherheitskonzeptes nach ÖNORM EN 1990 [70] zu erfolgen. Wobei sich die Größe und Überlagerung der Teilsicherheitsbeiwerte aus der Art und Anzahl der einzelnen Einwirkungen sowie deren maßgebenden Einwirkungskombinationen ergibt. Bei der Lastaufstellung sind dabei die Grundkombination (aus ständigen und veränderlichen Einwirkungen) und außergewöhnliche Kombinationen zu unterscheiden. Ein vereinfachtes Verfahren für die Bestimmung der Bemessungswerte der Einwirkungen ist in ÖNORM B 4700 [56] angegeben und kann auch für Mauerwerk Anwendung finden. Das genaue Verfahren gemäß ÖNORM EN 1990 [70] wird in Band 2: *„Tragwerke"* näher beschrieben, wo auch die einzelnen Einwirkungen erläutert sind.

Tabelle 040.2-10: Teilsicherheitsbeiwerte für ständige und veränderliche Einwirkungen nach ÖNORM B 4700 [56]

Art der Einwirkung		Auswirkung	
		ungünstig	günstig
ständig		$\gamma_G = 1{,}35$	$\gamma_G = 1{,}00$
veränderlich	nur eine Einwirkungsart	$\gamma_Q = 1{,}50$	$\gamma_Q = 0{,}00$
	mehr als eine Einwirkungsart	$\gamma_Q = 1{,}35$	$\gamma_Q = 0{,}00$

Tabelle 040.2-11: Teilsicherheitsbeiwerte γ_n für Erdbebeneinwirkungen [53]

Sicher-heits-klasse	Merkmale des Bauwerks	Beispiele	γ_n
1	– keine großen Menschenansammlungen – keine wertvollen Güter und Einrichtungen – keine Gefährdung der Umwelt bei Beschädigung	– Wohn-, Büro- und Gewerbegebäude – Heime, Beherbergungsbetriebe – Industrie- und Lagergebäude – Parkgaragen	1,00
2	– größere Menschenansammlungen – wertvolle Güter und Einrichtungen – bedeutende Infrastruktur – beschränkte Gefährdung der Umwelt bei Beschädigung	– Einkaufszentren, Sportstadien, Kinos, Schulen – Heime, Beherbergungsbetriebe, Kirchen – Hochhäuser, Fußgängerbrücken – hohe Schornsteine, Kühltürme, Aussichtstürme – Stützmauern, Böschungen bei wichtigen Wegen	1,10
3	– lebenswichtige Infrastruktur – erhebliche Gefährdung der Umwelt bei Beschädigung	– Spitäler, Straßen- und Eisenbahnbrücken – Tanklager – Bauwerke für den Katastrophenschutz (Feuerwehr, Ambulanzen)	1,20

Bei der Berücksichtigung von außergewöhnlichen Einwirkungen (z.B. Erdbebenkräften) sind dabei noch die Kombinationsbeiwerte ψ_2 für die gleichzeitige Wirkung von veränderlichen und außergewöhnlichen Einwirkungen zu beachten.

Tabelle 040.2-12: Kombinationsbeiwerte für veränderliche Einwirkungen [53]

Veränderliche Einwirkung	Ψ_2
Nutzlasten auf Decken:	
Wohnräume, Aufenthaltsräume, Büroräume einschließlich Nebenräumen, Treppen und Gängen	0,3
Versammlungsräume, Verkaufsräume	0,6
Lagerräume	0,8
Verkehrs- u. Parkflächen für leichte Fahrzeuge (Gesamtlast je Fahrzeug max. 30 kN)	0,6
Verkehrs- u. Parkflächen für Fahrzeuge (Gesamtlast je Fahrzeug 30 bis 60 kN)	0,4
Verkehrs- u. Parkflächen für mittelschwere Fahrzeuge (Gesamtlast je Fahrzeug 60 bis 160 kN)	0,3
Windwirkungen, Schneelasten	0,0

Für die Grundkombination ergibt sich sowohl für die Lasten wie auch die horizontale Bemessungskraft nur die Berücksichtigung von Eigengewichts- und Nutzlasten unter Beachtung der Auswirkung einzelner Lastanteile (Tabelle 040.2-10).

$$N_{Sd} = \sum_j \gamma_{G,j} \cdot G_{k,j} + \sum_j \gamma_{Q,j} \cdot Q_{k,j}$$

$$V_{Sd} = \sum_j \gamma_{G,j} \cdot G_{k,j} + \sum_j \gamma_{Q,j} \cdot Q_{k,j}$$

(040.2-04)

G_k	charakteristischer Wert ständiger Einwirkung	[kN]
Q_k	charakteristischer Wert veränderlicher Einwirkung	[kN]
γ_G	Teilsicherheitsbeiwert für ständige Einwirkungen	[–]
γ_Q	Teilsicherheitsbeiwert für veränderliche Einwirkungen	[–]

Außergewöhnliche Kombinationen wie z.B. die Berücksichtigung von Erdbebenkräften erfordern eine Variation der möglichen Einwirkungskombinationen unter zusätzlicher Einbeziehung der Kombinationsbeiwerte (Tabelle 040.2-12). In den meisten Fällen wird sich zufolge Erdbebenbeanspruchung nur eine für die Bemessung maßgebende horizontale Bemessungsbeanspruchung V_{Sd} ergeben.

$$N_{Sd} = \sum_j \gamma_{G,j} \cdot G_{k,j} + \sum_j \psi_{2,j} \cdot \gamma_{Q,j} \cdot Q_{k,j} + \gamma_n \cdot \sum_i E_{h,i}$$

$$V_{Sd} = \sum_j \gamma_{G,j} \cdot G_{k,j} + \sum_j \psi_{2,j} \cdot \gamma_{Q,j} \cdot Q_{k,j} + \gamma_n \cdot \sum_i E_{h,i}$$

(040.2-05)

ψ_2	Kombinationsbeiwert für veränderliche Einwirkungen	[–]
E_h	charakteristischer Wert der seismischen Einwirkungen	[kN]
γ_n	Teilsicherheitsbeiwert für seismische Einwirkungen	[–]

040.2.8.2 VERTIKALER BEMESSUNGSWIDERSTAND

Der vertikale Bemessungswiderstand einer Wand N_{Rd} ergibt sich aus der Bedingung:

$$N_{Rd} = \frac{\Phi \cdot f_k \cdot A}{\gamma_M}$$

(040.2-06)

Φ	Abminderungsfaktor für die Schlankheit und Exzentrizität	[–]
f_k	charakteristische Druckfestigkeit der Wand	[N/mm²]
γ_M	Teilsicherheitsbeiwert für Mauerwerk = 2,20	[–]
A	Nettoquerschnittsfläche der Wand	[m²]

Die charakteristische Druckfestigkeit f_k ist jene Festigkeit, von der – ohne Einflüsse aus ausmittiger Beanspruchung, Schlankheit oder Langzeitwirkung – erwartet werden kann, dass sie von nicht mehr als 5% der Prüfergebnisse unterschritten wird. Sie ist daher mit der 5%-Fraktile der statistischen Verteilung gleichzusetzen. Die charakteristische Festigkeit von Wänden aus Mauerwerk wird entweder durch Prüfung an repräsentativen Probekörpern oder aber aus einer Formel, welche eine abgesicherte Beziehung zwischen den Baustoffkomponenten wiedergibt, ermittelt. Im letzteren Fall gehen beispielsweise bei Mauerwerk Prüfwerte des Steins und des Mörtels in die Formel ein. Ist der Wandquerschnitt kleiner als 0,1 m² (Pfeiler oder Stützen), muss die charakteristische Druckfestigkeit f_k mit nachstehendem Faktor multiplizieren werden.

$$(0,7 + 3 \cdot A)$$

(040.2-07)

A	Nettoquerschnittsfläche der Wand	[m²]

Gemäß ÖNORM B 3350 [41] sind bei einer Mauerwerksprüfung die Ergebnisse von 2 Prüfserien zu je 3 Pfeilern oder Stützen heranzuziehen und daraus die 5%-Fraktile zu berechnen. Die dabei jeweils verwendeten Steine müssen aus unterschiedlichen Produktions-Chargen stammen. Die zweite Prüfserie darf frühestens einen Monat, muss aber innerhalb von sechs Monaten nach der ersten geprüft werden. Beide Prüfprotokolle gemeinsam bilden die Grundlage für den dieser Stein-Mörtel-Kombination zugeordneten Wert der charakteristischen Druckfestigkeit der Wand f_k. Die Prüfungen der Mauersteine, des Mörtels und der Mauerwerkskörper sind entsprechend der jeweiligen Europäischen Norm durchzuführen und zu dokumentieren.

Für die Bestimmung der charakteristischen Wandfestigkeit aus der Pfeilerprüfung wurde ein RILEM-Prüfkörper entwickelt, der nachfolgende Mindestvoraussetzung aufweisen muss.

Abbildung 040.2-17: RILEM-Prüfkörper für Mauerwerk

- mindestens 2 Steinlängen breit
- mindestens 5 Steinscharen hoch
- Dicke gleich der Steinbreite
- Verhältnis h/b ≤ 1
- Schlankheit 3 < h/t < 5

Die Mauerwerksprüfung erfolgt an 28 Tage alten RILEM-Prüfkörpern. Das Prüfergebnis kann einer Schlankheit $\lambda = 5$ ($f_{RILEM} = 0{,}9 \cdot f_k$) zugeordnet werden und ist auf die jeweiligen Material-Nennfestigkeiten mittels folgender Beziehungen umzurechnen, wobei gelten muss:

$$f_{RILEM} \leq f_{RILEM,Test} \qquad \overline{f}_b \leq \overline{f}_{b,Test} \qquad f_m \leq f_{m,Test}$$

$$f_{RILEM} = f_{RILEM,Test} \cdot \left(\frac{\overline{f}_b}{\overline{f}_{b,Test}}\right)^a \cdot \left(\frac{f_m}{f_{m,Test}}\right)^b \qquad (040.2\text{-}08)$$

a, b entsprechend der Stein-Mörtel-Kombination aus Tab. 040.2-13 [–]

Die Mauerwerksprüfung stellt jedoch nicht nur ein Instrument zur Ermittlung der charakteristischen Wandfestigkeiten dar, sondern es kann bei einer entsprechenden Anzahl von Einzelprüfungen auch daraus eine gesicherte mathematische Beziehung für die rechnerische Ermittlung abgeleitet werden.

Die rechnerische Ermittlung der Mauerwerks-Druckfestigkeit aus den nachgewiesenen Festigkeiten der Komponenten erfolgt in Abhängigkeit von der Mauersteingruppe und dem Mörtel nach der Formel:

$$f_k = k \cdot f_b{}^a \cdot f_m{}^b \qquad (040.2\text{-}09)$$

k, a, b entsprechend der Stein-Mörtel-Kombination aus Tab. 040.2-13 [–]

Bei der Berechnung der charakteristischen Wandfestigkeiten nach Formel (040.2-07) sind nachfolgende Einschränkungen zu beachten:

- Für Steine und Ziegel, die mit Leichtmörtel vermauert werden, darf keine größere Steinfestigkeit als 15 N/mm^2 in Rechnung gestellt werden.
- Für Mörtel darf für f_m kein größerer Wert als 20 N/mm^2 bzw. $2 \cdot f_b$ in Rechnung gestellt werden. Der kleinere Wert ist maßgebend.
- Bei der Nachrechnung von altem Bestandsmauerwerk, das im Verband gemauert wurde, muss f_k um 20% vermindert werden.
- f_m ist der Mittelwert der Mörteldruckfestigkeit gemäß ÖNORM EN 998-2 [67].

Tabelle 040.2-13: Beiwerte k und Exponenten a, b zur Ermittlung der Mauerwerksdruckfestigkeit [41][36]

		Ziegel			Betonstein			Poren-beton-stein	Kalksandstein[3])	
		Gruppe 1	Gruppe 2	Gruppe 3	Gruppe 1	Gruppe 2	Gruppe 3	Gruppe 1	Gruppe 1	Gruppe 2
Normal-mörtel	k	0,60	0,55	0,50	0,60	0,55	0,50	0,60	0,55	0,45
	a	0,65	0,65	0,65	0,65	0,65	0,65	0,65	0,70	0,70
	b	0,25	0,25	0,25	0,25	0,25	0,25	0,25	0,30	0,30
Dünnbett-mörtel[1])	k	0,90	0,70	0,50	0,75	0,70	0,60	0,75	0,80	0,65
	a	0,70	0,70	0,70	0,85	0,85	0,85	0,85	0,85	0,85
	b	0,00	0,00	0,00	0,00	0,00	0,00	0,00	0,00	0,00
Mörtel mit einer Rohdichte [kg/m³] 600-800	k	0,50	0,30	0,25	0,50	0,45	0,50	0,50	-	-
	a	0,65	0,65	0,65	0,65	0,65	0,65	0,65	-	-
	b	0,25	0,25	0,25	0,25	0,25	0,25	0,25	-	-
800-1500	k	0,55	0,40	0,30	0,55	0,50	0,55	0,55	-	-
	a	0,65	0,65	0,65	0,65	0,65	0,65	0,65	-	-
	b	0,25	0,25	0,25	0,25	0,25	0,25	0,25	-	-

[1]) Mörteldruckfestigkeit $f_m \geq 10$ N/mm²
[2]) Es liegen keine gesicherten Versuchsdaten vor, die Mauerwerksdruckfestigkeit ist durch Baustoffprüfungen gemäß
   ÖNORM B 3350 zu ermitteln.
[3]) gemäß ÖNORM prEN 1996-1-1

$\overline{f_b}$ ist der gemäß den einschlägigen Produktnormen durch Prüfung ermittelte Mittelwert
der Steindruckfestigkeit am Prüfkörper. Um einen von der Form des Prüfkörpers
unabhängigen Festigkeitswert f_b zu erhalten, sind die aus dem Versuch gewonnenen
Steindruckfestigkeiten $\overline{f_b}$ mit dem Korrekturfaktor δ gemäß Tabelle 040.2-14 zu
multiplizieren.

$$f_b = \overline{f_b} \cdot \delta \qquad\qquad (040.2\text{-}10)$$

Tabelle 040.2-14: Korrekturfaktor δ [41][77]

Steinhöhe [mm]	Der kleinere Wert von Steinlänge oder Steinbreite [mm]				
	50	100	150	200	≥ 250
50	0,85	0,75	0,70	-	-
65	0,95	0,85	0,75	0,70	0,65
100	1,15	1,00	0,90	0,80	0,75
150	1,30	1,20	1,10	1,00	0,95
200	1,45	1,35	1,25	1,15	1,10
≥ 250	1,55	1,45	1,35	1,25	1,15

Nachdem die Berechnung der charakteristischen Wandfestigkeiten nicht nur abhängig vom Mörtel, sondern auch von der Art der Mauersteine ist, kann eine Einreihung in
Mauersteingruppen mittels Tabelle 040.2-15 erfolgen. Im Regelfall sollte diese Einteilung jedoch bereits vom Hersteller ausgewiesen werden.

Tabelle 040.2-15: Einteilung der Mauersteine in Gruppen [41] [36]

	Material	Gruppe 1	Gruppe 2	Gruppe 3
Lochanteil (% vom Gesamtvolumen)	Ziegel		> 25 %, ≤ 55 %	> 25 %, ≤ 70 %
	Betonstein	≤ 25 %	> 25 %, ≤ 60 %	> 25 %, ≤ 70 %
	Kalksandstein		> 25 %, ≤ 55 %	-
Einzellochanteil (% vom Gesamtvolumen)	Ziegel		≤ 1 %, Grifflöcher ≤ 12,5 %	≤ 1 %, Grifflöcher ≤ 12,5 %
	Betonstein	≤ 12,5 %	≤ 30 %	≤ 30 %
	Kalksandstein		≤ 15 % Mehrfachlöcher ≤ 12,5 %	-
Mindeststegdicke Innenstege	Ziegel		5 mm	3 mm
	Betonstein	-	15 mm	15 mm
	Kalksandstein		5 mm	-
Mindeststegdicke Außenstege (Mantel)	Ziegel		8 mm	6 mm
	Betonstein	-	20 mm	15 mm
	Kalksandstein		10 mm	-

Unter Einhaltung der Bedingungen für die Ausbildung der Deckenauflager und Roste ist für die Ermittlung des Bemessungswiderstandes nur die Errechnung eines allgemeinen Abminderungsfaktors, der sowohl die Schlankheit als auch einen gewissen Einspanngrad der Decke berücksichtigt, erforderlich. Dieser Abminderungsfaktor Φ ist wie folgt zu berechnen:

$$\Phi = 0{,}85 - 0{,}0011 \cdot \left(\frac{h_{ef}}{t_{ef}}\right)^2 \qquad \frac{h_{ef}}{t_{ef}} \le 25$$

$$t_{ef} = \sqrt[3]{t_1^{\,3} + t_2^{\,3}}$$

(040.2-11)

h_{ef}	Knicklänge der Wand	[m]
t_{ef}	wirksame Wanddicke	[m]
	$t_{ef} = t$ für Wände aus einschaligem Mauerwerk	
t_1, t_2	Schalendicke bei zweischaligem Mauerwerk	[m]

Abbildung 040.2-18: Abminderungsfaktor Φ

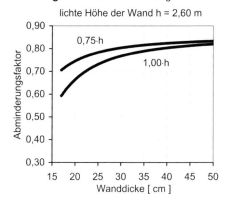

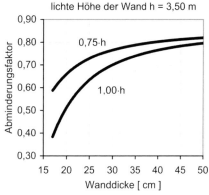

$$h_{ef} = \rho_n \cdot h \qquad\qquad (040.2\text{-}12)$$

h	lichte Höhe der Wand	[m]
ρ_n	Abminderungsfaktor für ausgesteifte Wände	[–]

0,75 … für Ortbetondecken, Rippendecken und Großflächen-Plattendecken, sofern die Auflagertiefe der Decken mind. t/2 beträgt.
1,0 … für alle anderen Deckensysteme oder im Falle einer geringeren Auflagertiefe der Decken als t/2.

Die größten Auswirkungen des Abminderungsfaktors für ausgesteifte Wände ρ_n sind hauptsächlich bei dünnen hohen Wänden gegeben. Für eine Vorbemessung empfiehlt sich, vorerst einen Wert von 1,00 anzusetzen.

040.2.8.3 TEILFLÄCHENPRESSUNGEN

Für gemauerte Wände ist der Nachweis von Teilflächenpressungen im Bereich konzentrierter Lasten durch Gegenüberstellung der Bemessungsschnittgrößen in Abhängigkeit von der Lage in der Wand möglich. Bei Einleitung von konzentrierten Lasten in eine Wand, einen Pfeiler oder eine Stütze (z.B. unter Auflagern von Balken, Überlagen, Unterzügen) sind für die Bemessungslast der Teilfläche dabei nachfolgende Bedingungen einzuhalten:

- Exzentrizität der Teilfläche e ≤ t/4,
- Teilflächenlänge a_b ≤ 2·t,
- Größe der Teilfläche A_b ≤ 2·t^2 bzw. A_b ≤ L·t/4.

$$N_{Sd,c} \leq N_{Rd,c} \qquad\qquad (040.2\text{-}13)$$

$N_{Sd,c}$	Bemessungseinwirkung der Teilfläche	[kN/m²]
$N_{Rd,c}$	Bemessungswiderstand der Teilfläche	[kN/m²]

Bei Mauersteinen der Gruppen 2 und 3 ist auf eine entsprechende Druckverteilung Bedacht zu nehmen.

$$N_{Rd.c} = \frac{\beta \cdot A_b \cdot f_k}{\gamma_M} \qquad A_b = a_b \cdot t_b \qquad \beta = 1{,}2 + 0{,}4 \cdot \frac{a_1}{h_b} \leq 1{,}5 \qquad (040.2\text{-}14)$$

A_b	Größe der Teilfläche	[m]
t_b	Breite der Teilfläche	[m]
a_1	kleinster Randabstand der Teilfläche	[m]
a_b	Länge der Teilfläche	[m]
h_b	Höhe der Lasteinleitungsfläche in der Wand	[m]
β	laut Tab. 040.2-16	

Beispiel 040.2-24: Mauerwerkspfeiler – Wohnhaus – 1: Lastaufstellung

Bei einem Wohnhaus mit zwei oberirdischen Geschoßen und einem Keller aus Mauerwerk werden alle Nachweise gemäß ÖNORM B 3350 für die vertikalen Lasten und einer Horizontalbeanspruchung sowie für die Teilflächenpressungen der Überlager im Erdgeschoß und der Nachweis zufolge Erdbebeneinwirkung geführt.

Für die Nachweise im Kellerbereich wurde eine Anschütthöhe von 2,30 m und eine Wichte des Bodens von 21,0 kN/m³ angenommen.

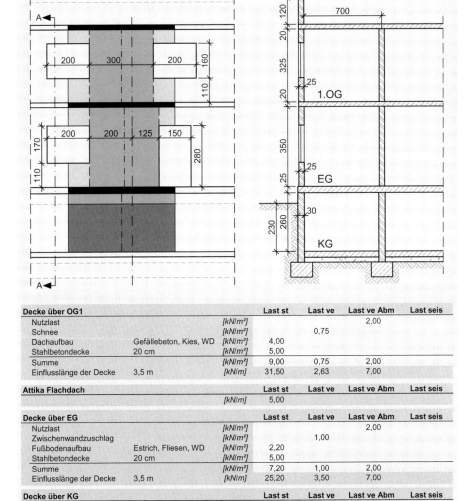

Decke über OG1			Last st	Last ve	Last ve Abm	Last seis
Nutzlast		*[kN/m²]*			2,00	
Schnee		*[kN/m²]*		0,75		
Dachaufbau	Gefällebeton, Kies, WD	*[kN/m²]*	4,00			
Stahlbetondecke	20 cm	*[kN/m²]*	5,00			
Summe		*[kN/m²]*	9,00	0,75	2,00	
Einflusslänge der Decke	3,5 m	*[kN/m]*	31,50	2,63	7,00	

Attika Flachdach			Last st	Last ve	Last ve Abm	Last seis
		[kN/m]	5,00			

Decke über EG			Last st	Last ve	Last ve Abm	Last seis
Nutzlast		*[kN/m²]*			2,00	
Zwischenwandzuschlag		*[kN/m²]*		1,00		
Fußbodenaufbau	Estrich, Fliesen, WD	*[kN/m²]*	2,20			
Stahlbetondecke	20 cm	*[kN/m²]*	5,00			
Summe		*[kN/m²]*	7,20	1,00	2,00	
Einflusslänge der Decke	3,5 m	*[kN/m]*	25,20	3,50	7,00	

Decke über KG			Last st	Last ve	Last ve Abm	Last seis
Nutzlast		*[kN/m²]*			2,00	
Zwischenwandzuschlag		*[kN/m²]*		1,00		
Fußbodenaufbau	Estrich, Fliesen, WD	*[kN/m²]*	2,20			
Stahlbetondecke	25 cm	*[kN/m²]*	6,25			
Summe		*[kN/m²]*	8,45	1,00	2,00	
Einflusslänge der Decke	3,5 m	*[kN/m]*	29,58	3,50	7,00	

Horizontalkräfte – Erdbeben			Last st	Last ve	Last ve Abm	Last seis
Anteilig für Pfeiler in Decke	OG1	*[kN]*				45,00
	EG	*[kN]*				40,00

st = ständig
ve = veränderlich
ve Abm = veränderlich und abminderbar gemäß ÖNORM
seis = seismisch

Beispiel 040.2-25: Mauerwerkspfeiler – Wohnhaus – 2: Berechnung

Berechnungsparameter

Teilsicherheitsbeiwerte	*Einwirkung*		*Material:*	Regel-LF	seismisch-LF
	ständig:	1,35	Mauerwerk:	2,20	2,20
	veränderlich:	1,50	Mantelbeton:	1,80	1,80
	seismisch:	1,00	Beton:	1,80	1,80

Nutzlastabminderung gemäß ÖN B4012 Pkt. 16.2 berücksichtigt nach:
Tab. 4: Wohngebäude, Hotels, Heime, Krankenanstalten, Kindergärten, Hallenbäder

Ermittlung der Lastexzentrizitäten mit teilsicherheitsbehafteten Einwirkungen.

Erhöhungsfaktor der Randspannungen in Pfeilerlängsrichtung: 1,50

Kombinationsbeiwerte ψ_2 gemäß ÖN B4015 Tab. 7 für seismische Nachweise berücksichtigt:
ψ_2: 0,30 Wohnräume   Windwirkungen: ψ_2: 0,00

Veränderliche Horizontalkräfte für seismische Nachweise berücksichtigt

Geschoß - OG1

Material - Mauerwerk

Mauerstein			Mörtel		
Firma:	* * *		Firma:	* * *	
Bezeichnung:	HLZ 25/25/25 - 15/2		Bezeichnung:	Normalmörtel M5	
Steinart:	Ziegel		Festigkeit =	5,0	N/mm²
Gruppe:	2		Rohdichte =	1.700	kg/m³
Wandstärke =	25,00	cm	Rohdichte =	1,2	cm
Steinhöhe =	25,00	cm	Gewicht =	0,2	kg
Steinlänge =	25,00	cm	Stoßfugen :	vermörtelt	
Festigkeit =	15,00	N/mm²			

Rohdichte =	1.100	kg/m³	Faktor k =	0,55	δ =	1,15	fb =	17,25	N/mm²
Fehlfläche =	0	cm²	Faktor a =	0,65	Faktor "Alt" =	1,00	fk =	5,24	N/mm²
Gewicht =	2,62	kg	Faktor b =	0,25	Pfeilerfaktor =	1,00	fvk0 =	0,20	N/mm²

Geometrie

Einflussbreite L2 =	3,00	m
Einflussbreite L1 =	2,00	m
Rohbaulichte h =	3,25	m
Deckenstärke d =	0,20	m
Fehlfläche im Querschnitt =	0,00	m²
Decke gem. 6.2 :	Ja	

Öffnung	Breite	Höhe	Parapet
links	2,00	1,60	1,10 m
rechts	2,00	1,60	1,10 m

Kräfte Regellastfälle
Vertikal

aus Geschoß	Krafttyp	Hebel	Last st	Last ve	Last ve Abm	F-Abmind.
DG	Decke	-0,50m	25,00 kN	0,00 kN	0,00 kN	1,00
OG1	Decke	-0,50m	157,50 kN	13,15 kN	35,00 kN	1,00
OG1	Wand	-0,50m	36,83 kN	0,00 kN	0,00 kN	1,00

Kräfte Lastfälle seismisch
Vertikal

aus Geschoß	Krafttyp	Hebel	Last st	Last ve	Last ve Abm	F-Abmind.
DG	Decke	-0,50m	25,00 kN	0,00 kN	0,00 kN	1,00
OG1	Decke	-0,50m	157,50 kN	13,15 kN	35,00 kN	0,30
OG1	Wand	-0,50m	36,83 kN	0,00 kN	0,00 kN	1,00

Horizontal

aus Geschoß	Krafttyp	Hebel	Last st	Last ve	Last seis	F-Abmind.
OG1	seismisch 1	3,35m	0,00 kN	0,00 kN	45,00 kN	1,00
OG1	seismisch 2	3,35m	0,00 kN	0,00 kN	-45,00 kN	1,00

Ermittlung von Nrd = 1.330,65 kN
A =   0,75 m² ϕ =   0,75   fk =   5,24 N/mm²

Beispiel 040.2-26: Mauerwerkspfeiler – Wohnhaus – 3: Berechnung (Fortsetzung)

Nachweise Lastfallgruppe Vertikal

		Exzentriz.	LK		Faktor
Nsd =	368,32 kN	0,00 m	1	Nsd/NRd =	0,28
σSdR =	0,49 N/mm²	0,00 m	1	σSdR/σRdR =	0,14
σSdM =	0,49 N/mm²	0,00 m	1	σSdM/σRdM =	0,21

Nachweise Lastfallgruppe Horizontal seismisch

		Exzentriz.	LK		Faktor
Nsd =	242,98 kN	0,62 m	16	Nsd/NRd =	0,18
Vsd =	45,00 kN	0,62 m	16	Vsd/VRd =	0,43
σSdR =	0,74 N/mm²	0,62 m	16	σSdR/σRdR =	0,21
σSdM =	0,37 N/mm²	0,62 m	16	σSdM/σRdM =	0,15

Geschoß - EG

Material - Mauerwerk
Wie OG1

Geometrie

Einflussbreite L2 =	3,00 m
Einflussbreite L1 =	2,00 m
Rohbaulichte h =	3,50 m
Deckenstärke d =	0,20 m
Fehlfläche im Querschnitt =	0,00 m²
Decke gem. 6.2 :	Ja

Öffnung	Breite	Höhe	Parapet
links	2,00	1,70	1,10 m
rechts	1,50	2,80	0,00 m

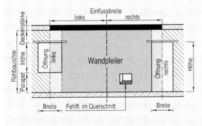

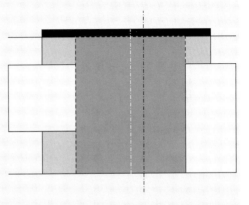

Kräfte Regellastfälle
Vertikal

aus Geschoß	Krafttyp	Hebel	Last st	Last ve	Last ve Abm	F-Abmind.
DG	Decke	-0,50m	25,00 kN	0,00 kN	0,00 kN	1,00
OG1	Decke	-0,50m	157,50 kN	13,15 kN	35,00 kN	1,00
OG1	Wand	-0,50m	36,83 kN	0,00 kN	0,00 kN	1,00
EG	Decke	-0,50m	126,00 kN	17,50 kN	35,00 kN	0,76
EG	Wand	-0,58m	38,66 kN	0,00 kN	0,00 kN	1,00

Kräfte Lastfälle seismisch
Vertikal

aus Geschoß	Krafttyp	Hebel	Last st	Last ve	Last ve Abm	F-Abmind.
DG	Decke	-0,50m	25,00 kN	0,00 kN	0,00 kN	1,00
OG1	Decke	-0,50m	157,50 kN	13,15 kN	35,00 kN	0,30
OG1	Wand	-0,50m	36,83 kN	0,00 kN	0,00 kN	1,00
EG	Decke	-0,50m	126,00 kN	17,50 kN	35,00 kN	0,23
EG	Wand	-0,58m	38,66 kN	0,00 kN	0,00 kN	1,00

Horizontal

aus Geschoß	Krafttyp	Hebel	Last st	Last ve	Last seis	F-Abmind.
OG1	seismisch 1	7,05m	0,00 kN	0,00 kN	45,00 kN	1,00
OG1	seismisch 2	7,05m	0,00 kN	0,00 kN	-45,00 kN	1,00
EG	seismisch 1	3,60m	0,00 kN	0,00 kN	40,00 kN	1,00
EG	seismisch 2	3,60m	0,00 kN	0,00 kN	-40,00 kN	1,00

Ermittlung von Nrd = 1.409,23 kN
A = 0,81 m²   φ = 0,73   fk = 5,24 N/mm²

Nachweise Lastfallgruppe Vertikal

		Exzentriz.	LK		Faktor
Nsd =	656,76 kN	0,13 m	1	Nsd/NRd =	0,47
σSdR =	1,00 N/mm²	0,13 m	1	σSdR/σRdR =	0,28
σSdM =	0,81 N/mm²	0,13 m	1	σSdM/σRdM =	0,34

Beispiel 040.2-27: Mauerwerkspfeiler – Wohnhaus – 4: Berechnung (Fortsetzung)

Nachweise Lastfallgruppe Horizontal seismisch

		Exzentriz.	LK		Faktor
N_{Sd} =	433,12 kN	0,93 m	16	N_{Sd}/N_{Rd} =	0,31
V_{Sd} =	85,00 kN	0,93 m	17	V_{Sd}/V_{Rd} =	0,79
σ_{SdR} =	2,70 N/mm²	1,20 m	17	$\sigma_{SdR}/\sigma_{RdR}$ =	0,76
σ_{SdM} =	1,35 N/mm²	1,20 m	17	$\sigma_{SdM}/\sigma_{RdM}$ =	0,57

Teilflächenpressungen / Überlager

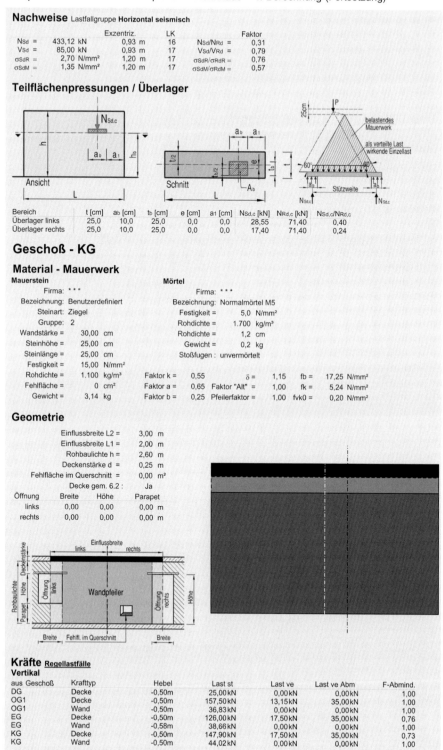

Bereich	t [cm]	a_b [cm]	t_b [cm]	e [cm]	a_1 [cm]	$N_{Sd,c}$ [kN]	$N_{Rd,c}$ [kN]	$N_{Sd,c}/N_{Rd,c}$
Überlager links	25,0	10,0	25,0	0,0	0,0	28,55	71,40	0,40
Überlager rechts	25,0	10,0	25,0	0,0	0,0	17,40	71,40	0,24

Geschoß - KG

Material - Mauerwerk

Mauerstein

Firma:	* * *	
Bezeichnung:	Benutzerdefiniert	
Steinart:	Ziegel	
Gruppe:	2	
Wandstärke =	30,00	cm
Steinhöhe =	25,00	cm
Steinlänge =	25,00	cm
Festigkeit =	15,00	N/mm²
Rohdichte =	1.100	kg/m³
Fehlfläche =	0	cm²
Gewicht =	3,14	kg

Mörtel

Firma:	* * *	
Bezeichnung:	Normalmörtel M5	
Festigkeit =	5,0	N/mm²
Rohdichte =	1.700	kg/m³
Rohdichte =	1,2	cm
Gewicht =	0,2	kg
Stoßfugen :	unvermörtelt	

Faktor k =	0,55	δ =	1,15	fb =	17,25 N/mm²
Faktor a =	0,65	Faktor "Alt" =	1,00	fk =	5,24 N/mm²
Faktor b =	0,25	Pfeilerfaktor =	1,00	fvk0 =	0,20 N/mm²

Geometrie

Einflussbreite L2 =	3,00 m		
Einflussbreite L1 =	2,00 m		
Rohbaulichte h =	2,60 m		
Deckenstärke d =	0,25 m		
Fehlfläche im Querschnitt =	0,00 m²		
Decke gem. 6.2 :	Ja		
Öffnung	Breite	Höhe	Parapet
links	0,00	0,00	0,00 m
rechts	0,00	0,00	0,00 m

Kräfte Regellastfälle

Vertikal

aus Geschoß	Krafttyp	Hebel	Last st	Last ve	Last ve Abm	F-Abmind.
DG	Decke	-0,50m	25,00 kN	0,00 kN	0,00 kN	1,00
OG1	Decke	-0,50m	157,50 kN	13,15 kN	35,00 kN	1,00
OG1	Wand	-0,50m	36,83 kN	0,00 kN	0,00 kN	1,00
EG	Decke	-0,50m	126,00 kN	17,50 kN	35,00 kN	0,76
EG	Wand	-0,58m	38,66 kN	0,00 kN	0,00 kN	1,00
KG	Decke	-0,50m	147,90 kN	17,50 kN	35,00 kN	0,73
KG	Wand	-0,50m	44,02 kN	0,00 kN	0,00 kN	1,00

Beispiel 040.2-28: Mauerwerkspfeiler – Wohnhaus – 5: Berechnung (Fortsetzung)

Ermittlung von Nrd = 2.868,71 kN

$A =$　1,50 m²　　　$\phi =$　0,80　　　$f_k =$　5,24 N/mm²

Nachweise Lastfallgruppe Vertikal

		Exzentriz.	LK		Faktor
$N_{Sd} =$	980,43 kN	0,00 m	1	$N_{Sd}/N_{Rd} =$	0,34
$\sigma_{SdR} =$	0,66 N/mm²	0,00 m	1	$\sigma_{SdR}/\sigma_{RdR} =$	0,18
$\sigma_{SdM} =$	0,65 N/mm²	0,00 m	1	$\sigma_{SdM}/\sigma_{RdM} =$	0,27

Nachweise Keller

Anschütthöhe $h_e =$	2,30 m	Abstand Querscheiben =	6,00 m
Wichte Boden =	21,00 kN/m³		
$N_0 =$	751,19 kN		
$N_{Sd} =$	980,43 kN		
$N_{0,max} =$	1.190,05 kN	$N_{Sd}/N_{0,max} =$	0,82
$N_{0,min} =$	240,70 kN	$N_{0,min}/N_0 =$	0,32

Die Berechnungen ergaben, dass für die vertikalen Lasten die maximale Ausnutzung der Bemessungswiderstände von 47% (N_{Sd}/N_{Rd}=0,47) und für die horizontalen Kräfte von 79% (V_{Sd}/V_{Rd}=0,79) vorliegt. Im Bereich des Kellers ist zufolge des Erddruckes eine maximale Wandausnutzung von 82% gegeben.

Für das gewählte Mauerwerk sind daher alle Nachweise gemäß ÖNORM B 3350 erfüllt.

Zusammenfassung

Nachweise für Pfeiler Beispiel 040.2

maximale Ausnutzungsfaktoren je Geschoß
(Einwirkung / Widerstand)

Geschoß	Material*	Mörtel / Beton	Wandstärke [cm]	Rohbaulichte [m]	Vertikal	Horizontal	Horizontal seismisch	Teilflächen	Überlager	Keller	Aussteifung
OG1	MWK	Normalmörtel M5	25,0	3,25	0,28		0,43				
EG	MWK	Normalmörtel M5	25,0	3,50	0,47		0,79		0,40		
KG	MWK	Normalmörtel M5	30,0	2,60	0,34					0,82	

*MWK .... Mauerwerk, MB ... Mantelbeton, B ... Beton　　Maxima des Pfeilers:　0,47　　0,79　　　　0,40　0,82

Anmerkung: Die Berechnung wurde mit dem Mauerwerksbemessungsprogramm CalcWall v 1.0.1 erstellt.

Bild 040.2-01

Bild 040.2-02

Bild 040.2-01: Einfamilienhaus mit Klinkerziegel als Außenschale
Bild 040.2-02: Wohnhausanlage – Rohbau Hochlochziegel

Bild 040.2-03

Bild 040.2-04

Bild 040.2-05

Bild 040.2-06

Bild 040.2-07

Bild 040.2-08

Bilder 040.2-03 bis 08: Ziegelproduktion

Bild 040.2-09

Bild 040.2-10

Bild 040.2-09: Fenstereinbau in Ziegelwand
Bild 040.2-10: Wohnhausanlage – Rohbau Planziegel

Bild 040.2-11

Bild 040.2-12

Bild 040.2-11: Ziegelrohbau mit Gerüst
Bild 040.2-12: Ziegelrohbau – Wohnhausanlage

Bild 040.2-13

Bild 040.2-14

Bild 040.2-15

Bild 040.2-13: Zweischaliges Außenwandsystem
Bild 040.2-14: Ziegelrohbau mit Pfeilervorlagen
Bild 040.2-15: Versetzarbeiten von Betonsteinen

Bild 040.2-16

Bild 040.2-17

Bild 040.2-16: Versetzarbeiten von Betonsteinen
Bild 040.2-17: Rohbau – Betonstein

Bild 040.2-18

Bild 040.2-19

Bild 040.2-18: Giebelwand aus Porenbeton
Bild 040.2-19: Porenbetonsturz

Bild 040.2-20

Bild 040.2-21

Bild 040.2-22

Bild 040.2-20: Abgetreppte Porenbetonwand mit Fugenbewehrung
Bild 040.2-21: Porenbeton – Fugenkleber
Bild 040.2-22: Porenbeton – Eckausführung

Bild 040.2-23

Bild 040.2-24

Bild 040.2-23: Bearbeitung eines Porenbetonsteines
Bild 040.2-24: Versetzen eines Porenbeton-Unterzuges

Bild 040.2-25   **Bild 040.2-26**

Bild 040.2-25: Kalksandstein-Sichtmauerwerk
Bild 040.2-26: Außenwand mit KS-Thermohaut

Bild 040.2-27   **Bild 040.2-28**

Bild 040.2-27: Imprägniertes Kalksandstein-Sichtmauerwerk
Bild 040.2-28: Schallschutzwand aus KS-Lochsteinen

Bild 040.2-29   **Bild 040.2-30**   **Bild 040.2-31**

Bild 040.2-32   **Bild 040.2-33**   **Bild 040.2-34**

Bilder 040.2-29 bis 34: Details – Herstellung Kalksandsteinmauerwerk

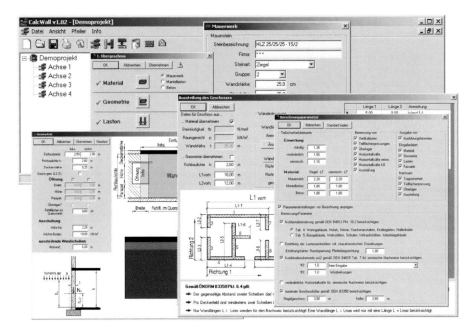

Bemessungsprogramm für Mauerwerk
nach ÖNORM B 3350 Ausgabe 1. Juli 2003

- ✓ Vertikalkräfte
- ✓ Horizontalkräfte (z.B. Erdbeben)

- ✓ Teilflächenpressungen
- ✓ Überlager
- ✓ Kellerwände
- ✓ Gebäudeaussteifung

Dr. PECH
Ziviltechniker für Bauwesen

1040 Wien,   Johann Strauß-Gasse 32/11
tel: +43 1 505 36 80 -11
fax: +43 1 505 36 80 -99
mail: office@zt-pech.at

www.zt-pech.at

Tragwerksplanung · Bauphysik · Gutachten · Sanierungsplanung · Bauzustandsfeststellungen & -analysen · Forschung · Softwareentwicklung

 **für Wand, Decke**

7 von 10 Bauherren entscheiden sich für ein Haus aus Ziegel – und das aus gutem Grund: die Ziegelbauweise ist nun einmal der Zehnkämpfer unter den Baustoffen:

Höchste Wertbeständigkeit

Häuser in klassischer Ziegel-Massivbauweise haben einen hohen Wiederverkaufswert und bilden somit eine rentable Wertanlage.

Heizkostensparend

Massive Ziegelwände und Ziegeldecken halten im Winter die Wärme im Haus, gleichen Temperaturunterschiede zwischen Tag und Nacht aus und nützen zudem die passiven Sonnenenergiegewinne durch die Erwärmung der Wände, die Speicherung und spätere Abgabe der Wärme.

Behagliches Klima zum Wohlfühlen

Warme Oberflächen, Feuchtigkeits- und Wärmepufferung, offenporige Struktur, Freiheit von jeglichen Schadstoffen, das sind die Faktoren, die bewirken, dass man sich in einem Ziegelhaus immer behaglich wohl fühlt.

Hervorragender Schallschutz

Aufgrund der massiven Bauweise bleibt in einem Ziegelhaus der Lärm draußen. Und auch wenn es im Haus einmal hoch hergeht, können die Nachbarn ruhig schlafen.

Optimaler Brandschutz

Ziegelwände bieten bereits bei einer Dicke ab 12 cm die höchste Brandwiderstandsklasse EI 90. Ziegel enthalten keinerlei brennbare Substanzen.

Individuelle Planung

Ein Haus aus Ziegel wird nach den persönlichen Wünschen und Bedürfnissen der künftigen Benutzer geplant und gebaut.

Nahezu unbegrenzte Lebensdauer

Ziegelbauten gibt es seit Tausenden von Jahren und viele davon stehen bis heute. Die Ursache

und Dach

ist die praktisch unbegrenzte Haltbarkeit des massiven Baustoffes Ziegel, der keinem Verschleiß und keiner Alterung unterliegt.

Sicher und stabil

Massive Ziegelhäuser bieten ein größtmögliches Maß an Sicherheit, sie sind formbeständig und stabil. Auch die eine oder andere Erschütterung kann ihnen nichts anhaben.

Flexibel bei Aus- und Umbauten

Ein Haus aus Ziegel kann jederzeit adaptiert, um- oder ausgebaut werden, es wächst gleichsam mit seinen Bewohnern und deren Bedürfnissen mit.

Hervorragende ökologische Qualität

Der Rohstoff „Ton" wird im Tagbau mit sehr geringem Energieaufwand gewonnen – der Ziegel mit neuesten energiesparenden Technologien gebrannt. Am Ende der Lebensdauer kann Ziegel-Abbruchmaterial wiederverwertet oder problemlos deponiert werden.

Höchste Ansprüche auch am Dach

TONDACH Ziegel – ausgezeichnet mit dem Umweltzeichen „natureplus" – sind UV-beständig, frostsicher und haben eine sehr hohe mechanische Belastbarkeit. Darüber hinaus sind sie auch noch in 15 verschiedenen Formen und 17 verschiedenen Farben erhältlich. Aus dem umfangreichen Ziegelsortiment eignen sich Verschiebeziegel ausgezeichnet für den Sanierungsbereich. TONDACH Ziegel bestechen nicht nur durch Schönheit sondern halten - mit einer nachgewiesenen Nutzungsdauer von 80 – 100 Jahren – ein ganzes Leben lang!

Verband Österreichischer Ziegelwerke • Tel.: ++43/1/587 33 46 • verband@ziegel.at • www.ziegel.at

SpringerTechnik

Michael Balak, Anton Pech

Mauerwerkstrockenlegung

Von den Grundlagen zur praktischen Anwendung

2003. XI, 316 Seiten. Zahlreiche, zum Teil farbige Abbildungen.
Gebunden **EUR 69,80,** sFr 115,50
ISBN 3-211-83805-8

Die Ursachen für die häufigsten Fehlschläge beim Gebäudebau liegen erfahrungsgemäß in fehlender Diagnostik, unzureichender Planung, mangelhafter Ausführung, objektspezifisch falscher Materialauswahl und ungeeigneter Baustoffqualität. Die vermeidbaren Bauschadenskosten pro Jahr, verursacht durch unwirksame oder unzureichende Trockenlegungsmaßnahmen, belaufen sich dabei auf mehrstellige Millionenbeträge.

Die Autoren behandeln eindrucksvoll das äußerst komplexe Fachgebiet der Mauerwerksdurchfeuchtung und die effiziente Durchführung einer erfolgreichen Bauwerkssanierung – beginnend mit den Schadensursachen bis hin zur Abnahme der Bauleistungen.

Auftraggeber, Planer und Bauausführende erhalten Erläuterungen zur erfolgreichen Bauwerkssanierung und damit zur Vermeidung häufiger Fehlschläge. Das Buch ist gleichermaßen für Objekteigentümer, Immobilienverwalter, Architekten, Zivilingenieure, Ingenieurkonsulenten, Baumeister, Sachverständige, technische Büros, Prüfanstalten sowie für Bau- und Fachfirmen geeignet.

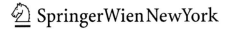

SpringerWienNewYork

P.O. Box 89, Sachsenplatz 4–6, 1201 Wien, Österreich, Fax +43.1.330 24 26, books@springer.at, **springer.at**
Haberstraße 7, 69126 Heidelberg, Deutschland, Fax +49.6221.345-4229, SDC-bookorder@springer-sbm.com, springer.de
P.O. Box 2485, Secaucus, NJ 07096-2485, USA, Fax +1.201.348-4505, orders@springer-ny.com, springeronline.com
Eastern Book Service, 3–13, Hongo 3-chome, Bunkyo-ku, Tokyo 113, Japan, Fax +81.3.38 18 08 64, orders@svt-ebs.co.jp
Preisänderungen und Irrtümer vorbehalten.

040.3 HOMOGENE WÄNDE

Bei diesen Wandbildnern handelt es sich um

- geschalte unbewehrte Betonwände bzw. Stahlbetonwände,
- Wände unter Verwendung von Hohlwandelementen,
- Wände in Kombination von Mantelsteinen oder Mantelplatten mit dem Kernbeton,

wobei verschiedene Betonarten – vom Normalbeton bis zum Leichtbeton – zum Einsatz kommen können. Durch die Wahl des Kernbetons werden die wärme- und schalltechnischen Eigenschaften sowie das Tragverhalten maßgebend beeinflusst.

Betonarten → Bilder 040.3-01 bis 09 [89]

Tabelle 040.3-01: Übersicht über Betonarten, ihre Beschaffenheit und Anwendungen

Betonart	Zuschlag	Anwendung	Dichte $[kg/m^3]$	
			gefügedicht	offenporig
Porenbeton		Wandbauteile, Wärmedämmschichten	–	400
Polystyrolbeton	Expandiertes Polystyrol oder Recycling-Material, ev. mit Sandzusatz	Wandbauteile, Wärmedämmschichten, Mauersteine	600	340
Holzspanbeton, Holzwollebeton	Holzspäne, Holzwolle, ev. Sand	Mantelsteine, Dämmplatten	–	300
Blähtonbeton (offenporig)	Blähton (Leca, Liapor)	Mauersteine, Hohlblocksteine, monolith. Mauerwerk, Mantelsteine, Unterbeton	–	500
Blähtonbeton (gefügedicht)	Blähton und Sand	Mauersteine, Hohlblocksteine, monolith. Mauerwerk, Mantelsteine	1100	–
Ziegelsplittbeton	Ziegelsplitt und Sand	Schüttbeton, Fertigteile	1400	1000
Hüttenleicht-splittbeton	Hüttenzuschläge, Sand	Mauersteine	2000	1400
Steinsplittbeton, Recycling-Material	natürl. Zuschläge od. Recycling-Material	Mauersteine, Hohlblocksteine	1700	1400
Normalbeton, Recyclingbeton	natürl. Zuschläge od. Recycling-Material	tragende Wände und Decken sowie andere Konstruktionsteile	2200	1400
Schwerbeton	Baryt, Magnetit, Stahl	Strahlenschutzbeton	< 3500	–

Tragende Wände

Die Mindestdicke tragender Wände ist für Beton mit t = 15 cm festgelegt. Bei Mantelbeton darf gemäß ÖNORM B 3350 [41] die Kernbetondicke t_k auf 12 cm dann reduziert werden, wenn die Schalkörper aus mineralisch gebundener

Holzwolle, Holzspänen, Holzbeton oder Beton bestehen und der Mantel jeweils eine Mindestdicke von 2 cm aufweist. Wird ein ausreichender Verbund nachgewiesen, dürfen zur Bestimmung der Schlankheit diese 4 cm der Kerndicke zugeschlagen werden. Dies gilt auch bei der Verwendung von Mehrschichtplatten, wenn die dem Kernbeton zugewandte Seite aus mineralisch gebundener Holzwolle (oder Holzspänen) besteht und jede Platte eine Mindestdicke von 5 cm aufweist.

Aussteifende Wände

Soweit aussteifende Wände eine flächenbezogene Mindestmasse von 200 kg/m^2 aufweisen, dürfen diese mit einer Mindestdicke von 12 cm (Beton) ausgeführt werden. Für Mantelbeton darf unter bestimmten Voraussetzungen die Kerndicke auf 9 cm reduziert werden.

Pfeiler

Unter Beton- oder Mantelbetonpfeilern werden Wandteile verstanden, deren Längsausdehnung des statisch wirksamen Betonkerns zwischen 50 cm und 25 cm liegt.

Tragende Wände und Stützen aus Stahlbeton

Sind entsprechend der geltenden Normen auszuführen und zu bemessen. Stützen sind mit einer Mindestabmessung von 20 cm, Wände mit einer Mindestwandstärke von 12 cm bei Ortbetonausführung und 10 cm bei Fertigteilen festgelegt.

040.3.1 WÄNDE AUS MANTELBETON

Mantelbetonwände sind mehrschichtige Wände, bestehend aus einer als Schalung, Putzträger bzw. Wärmedämmung dienenden Ummantelung aus Platten oder Steinen und einem statisch wirksamen Wandkern aus im Regelfall unbewehrtem (bzw. nur konstruktiv bewehrtem) Normal- oder Leichtbeton. (Bilder 040.3-10 bis 22) Übliche Mantelsysteme sind:

- Mantelsteine,
- Mantelbauplatten,
- mehrschichtige Platten mit Beschichtungen,
- großvolumige, geschoßhohe Mantelelemente,
- Hochlochziegel mit Löchern, die zur Verfüllung mit Kernbeton bestimmt sind
- Schalungssteine.

Soweit der Mantel Dämmeigenschaften besitzen soll, werden bevorzugt verwendet:

- Mehrschichtplatten in Kombination mit Polystyrolschichten,
- Holzspanbeton (mineralisierte Holzspäne mit oder ohne mineralische Zuschläge mit 400 bis 1200 kg/m^3),
- Blähtonbeton,
- EPS-Beton (Polystyrolbeton).

Die Steine werden ohne Fugenmörtel an- und übereinander nach der Verbandsregel – voll auf Fug über Mitte – versetzt, wodurch nach dem Ausbetonieren mit Normalbeton (Füllhöhe je Arbeitsgang max. 1,0 m wegen Entmischungsgefahr und Schalungsdruck) tragende, von Decke zu Decke durchgehende Betonsäulen entstehen. Statisch wirkt eine aus Mantelsteinen hergestellte Wand wie ein Scheibenrost, gebildet aus den Betonsäulen und verbindenden Stegen.

In der ÖNORM B 3350 [41] sind für den Füllbeton die nachfolgenden Forderungen enthalten:

- *Der für den Wandkern verwendete Beton muss entweder die Bestimmungen der ÖNORM B 4710-1 oder – als gefügedichter Leichtbeton – die der ÖNORM B 4200-11 erfüllen.*
- *Werden keine besonderen Vorkehrungen zur Erzielung der Festigkeit im Bauwerk oder zur Einhaltung der Maßgenauigkeit getroffen, so ist die rechnungsmäßige Festigkeit mit C 25/30 zu beschränken.*
- *Im Regelfall ist eine gewählte Betonfestigkeitsklasse innerhalb eines Geschoßes beizubehalten, sofern nicht auf Grund statischer Erfordernisse einzelne Bauteile (z.B. Pfeiler) mit Beton einer höheren Festigkeitsklasse auszuführen sind.*
- *Im Hinblick auf den Verbund zwischen Kernbeton und Ummantelung sind feinteilarme Zuschlagstoffe mit Korngrößen bis 4 mm als ungeeignet auszuschließen. Das Größtkorn ist auf die Dicke des Kernbetons abzustimmen.*
- *Die Konsistenz des Kernbetons ist so zu wählen, dass die Mantelsteine oder Mantelbauplatten bei entsprechender Verdichtung des Kernbetons vollflächig haften.*
- *Für die Mindestkonsistenz des Kernbetons gilt: F 52, bei Verwendung eines Innenrüttlers: F 45.*

Abbildung 040.3-01: Sieblinie der Zuschlagstoffe für Kernbeton [41]

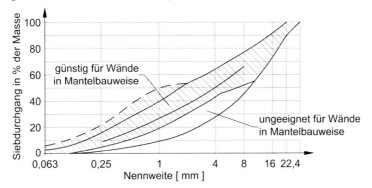

Abbildung 040.3-02: Typische Formen von Mantelsteinen und Mantelelementen

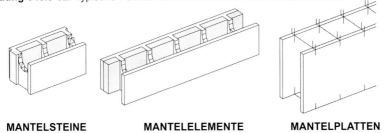

MANTELSTEINE   MANTELELEMENTE   MANTELPLATTEN

Beispiel 040.3-01: Mantelbetonsteine [83][80]

Abbildung 040.3-03: Mauerwerksverband aus Mantelbetonsteinen

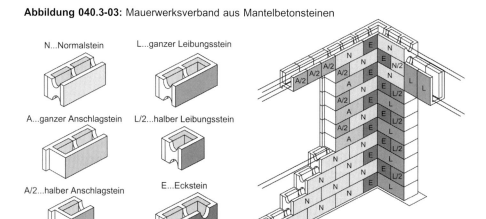

N...Normalstein   L...ganzer Leibungsstein

A...ganzer Anschlagstein   L/2...halber Leibungsstein

A/2...halber Anschlagstein   E...Eckstein

Beispiel 040.3-02: Mantelbetonsteine – Produktübersicht [80]

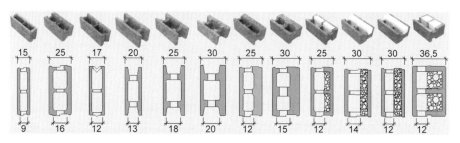

Abbildung 040.3-04: Fenstersturz und Parapetausbildung

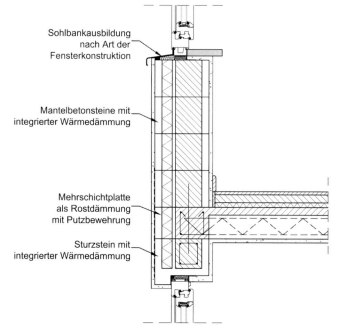

Sohlbankausbildung
nach Art der
Fensterkonstruktion

Mantelbetonsteine mit
integrierter Wärmedämmung

Mehrschichtplatte
als Rostdämmung
mit Putzbewehrung

Sturzstein mit
integrierter Wärmedämmung

Als Alternative zu Mantelsteinen stehen Mantelplatten zur Verfügung. Die Mantelplatten dienen bei der Herstellung des Betonkernes (Füllhöhe je Arbeitsgang maximal 1 m) als Schalung, im Endzustand als beidseitige Wärmedämmung und Putzgrund. Die Platten müssen so beschaffen sein, dass sie dem Schalungsdruck widerstehen und dass eine sichere Haftung des Kernbetons gewährleistet ist. Die Verbindung der Platten erfolgt durch Bügel. In der Wandfläche sind dabei pro Quadratmeter 7 bis 10 Bügel anzuordnen.

Abbildung 040.3-05: Mantelbetonbauweise mit Mantelplatten

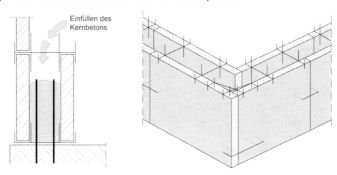

Bei beiden Mantelbetonbauarten wurden Systemsteine bzw. -platten mit integrierter Wärmedämmung entwickelt, womit nach Art der Hohlblocksteine ein verbesserter Wärmeschutz erreicht werden kann. Je nach Wanddicke und Art der integrierten Dämmung der verputzten Wand ist mit U-Werten zwischen 0,3 und 0,6 W/(m²·K) zu rechnen. Bei der Wahl der Dämmelemente ist zu bedenken, dass der direkte Kontakt von Kunststoffschäumen mit dem Kernbeton (z.B. Zweischichtplatten) nachteilig ist (mangelhafte Haftung, schalltechnisch bedenklich) und daher vermieden werden sollte. Der Schallschutz von Wänden aus Mantelbeton ist, wie bei Mauerwerk, durch ihre Masse bestimmt. Mit 15 cm Betonkern wird ein Flächengewicht von 400 kg/m² erreicht, womit die schallschutztechnischen Anforderungen erfüllt sind. Bei 12 cm Betonkernstärke ist mit einem Flächengewicht von 320 kg/m² die Schalllängsleitungsdämmung der Wand dann erfüllt, wenn die Wohnungstrennwände ebenfalls massiv ausgeführt werden.

Neue Entwicklungen in der Mantelbauweise sind Hohlwandmodule aus Mantelbetonsteinen. Im Herstellerwerk werden einzelne Mantelsteine – jeder beliebigen Steintype – zu großflächigen Wandmodulen zusammengeklebt. Die fertigen Module sind bis zu 5 m lang und bis zu 3 m hoch (Bilder 040.3-21 und 22).

Der Mantelbauweise ist auch die Wandherstellung mittels Schalungssteinen zuzuzählen. Das Grundsystem der Schalungsstein-Bauart besteht darin, dass steinartige Hohlkörper im Verband trocken verlegt und nach Erreichen einer bestimmten Wandabschnittshöhe mit Beton verfüllt werden. Dadurch entstehen, wie bei Wänden aus Mantelbetonsteinen, vertikale Betonsäulen, welche die tragende Funktion ausüben. Schalungssteine bestehen jedoch in der Regel aus Normalbeton, weshalb der Stein selbst keine wärmedämmenden Eigenschaften aufweist.

Abbildung 040.3-06: Betonschalungssteine [81]

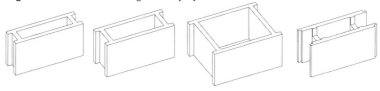

Wie bei den Mantelbetonsteinen sind auch mit Schalungssteinen unterschiedliche Wanddicken möglich. Anwendung finden Schalsteinwände vorwiegend im Kellerbau als erdberührte Außenwand mit oder ohne nachträglich aufgebrachter Dämmschicht.

Beispiel 040.3-03: Produktbeispiele Betonschalungssteine [81]

Nachträglich in Beton- oder Mantelbetonwänden hergestellte Aussparungen oder Schlitze dürfen gemäß ÖNORM B 3350 [41] festgelegte Maximalabmessungen nicht überschreiten, oder es ist ein statischer Nachweis zu erbringen.

- *Vertikal verlaufende, nachträglich hergestellte Schlitze dürfen bei Mantelbetonwänden höchstens $t_c/10$ bzw. bei Betonwänden höchstens $t/10$ tief sein. Die Verminderung des tragenden Querschnittes darf, bezogen auf 1 m Wandlänge, 3% nicht überschreiten.*

- *Vertikal verlaufende, geschalte Aussparungen sind bis zu einer Resttiefe von 8 cm und bis zu einer Breite von 25 cm zulässig.*

- *Waagrechte und geneigte Schlitze sollten vermieden werden. Ohne Nachweis darf der statisch wirksame Querschnitt der Wand pro Meter Länge um nicht mehr als 3% verringert werden.*

Bei der Auflagerung von Massivdecken auf Mantelbetonwänden sind diese immer über die volle Dicke des tragenden Betonkerns auszuführen. Bei Ausführung von Hohldielendecken ist ein Wandbeton mit einer Mindestfestigkeitsklasse von C12/15 und eine Mindestauflagertiefe t_s von 6 cm auszubilden.

Abbildung 040.3-07: Deckenauflager von Hohldielen ÖNORM B 3350 [41]

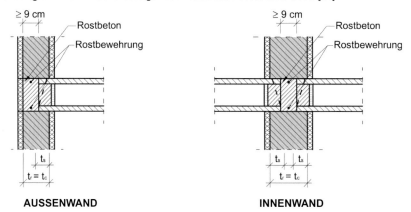

Zu den Wänden in Mantelbauweise zählen auch die Hohl- bzw. Doppelwände. Sie unterscheiden sich jedoch in statischer Hinsicht von den üblichen Mantelbetonwänden dadurch, dass die Schale aus Normalbeton zur Lastabtragung herangezogen werden kann. Während bei Mantelbetonwänden nur der Kernbeton statisch wirksam ist, ist die Hohl- bzw. Doppelwand als vollwertige Stahlbetonwand zu betrachten und zu bemessen und wird daher im Kap. 040.3.2.2 behandelt.

Die nachfolgenden bauphysikalischen Bemessungen gehen von einem durchgehenden Kernbeton ohne Unterbrechung durch Stege aus, d.h. die Gültigkeit ist nur für Systeme mit Mantelplatten gegeben. Bei der Ausführung von Mantelsteinen können die Werte des Wärmeschutzes als auf der sicheren Seite liegend angesehen werden, der Schallschutz kann aber durch die Steganteile erheblich geringer ausfallen.

Beispiel 040.3-04: Wärme-, Schallschutz von Mantelbetonwänden + VWS

Dicke [cm]			Schichtbezeichnung	ρ	λ
A	B	C		$[\,kg/m^3\,]$	$[\,W/(mK)\,]$
		2,5	Außenputz	1700	1,000
0,4	0,4		Dünnputzsystem	2000	1,000
		3,0	Mantelsteinwand	450	0,110
d	d	d	Wärmedämmung	–	0,040
3,0	5,0		Mantelsteinwand	450	0,110
t	t	t	Kernbeton	2300	2,300
3,0	5,0	3,0	Mantelsteinwand	450	0,110
1,5	1,5	1,5	Innenputz	1600	0,700

Variante	d	Wärmeschutz					Schallschutz				
		U-Wert $[\,W/(m^2K)\,]$ bei Wanddicke t $[\,cm\,]$					$R_w\,[\,dB\,]$ bei Wandstärke t $[\,cm\,]$				
	[cm]	9	12	14	16	18	9	12	14	16	18
A	6	0,44	0,44	0,43	0,43	0,43	$52^{1)}$	$55^{1)}$	$57^{1)}$	$59^{1)}$	$60^{1)}$
	8	0,36	0,36	0,36	0,36	0,35					
	10	0,30	0,30	0,30	0,30	0,30					
	12	0,26	0,26	0,26	0,26	0,26					
B	6	0,38	0,38	0,38	0,37	0,37	$53^{1)}$	$56^{1)}$	$58^{1)}$	$60^{1)}$	$61^{1)}$
	8	0,32	0,32	0,32	0,32	0,31					
	10	0,27	0,27	0,27	0,27	0,27					
	12	0,24	0,24	0,24	0,24	0,24					
C	6	0,43	0,43	0,43	0,43	0,43	$51^{1)}$	$55^{1)}$	$57^{1)}$	$58^{1)}$	$60^{1)}$
	8	0,36	0,36	0,35	0,35	0,35					
	10	0,30	0,30	0,30	0,30	0,30					
	12	0,26	0,26	0,26	0,26	0,26					

[1] R_w in Abhängigkeit des Wärmedämmsystems minimal: $R_w = R_w - 10$; maximal: $R_w = R_w + 35 - R_w/2$

Beispiel 040.3-05: Wärme-, Schallschutz von Innenwänden aus Mantelbeton

Dicke [cm]	Schichtbezeichnung	ρ	λ
		$[kg/m^3]$	$[W/(mK)]$
1,5	Innenputz	1600	0,700
d	Mantelsteinwand	450	0,110
t	Kernbeton	2300	2,300
d	Mantelsteinwand	450	0,110
1,5	Innenputz	1600	0,700

Variante	d	Wärmeschutz					Schallschutz				
		U-Wert $[W/(m^2K)]$ bei Wanddicke t $[cm]$					$R_w\,[dB]$ bei Wandstärke t $[cm]$				
	[cm]	9	12	14	16	18	9	12	14	16	18
	3	1,13	1,11	1,10	1,09	1,08	53	56	58	60	61
	5	0,80	0,79	0,79	0,78	0,78	54	57	59	60	62

040.3.2 WÄNDE AUS BETON

Beton ist ein Verbundwerkstoff bestehend aus Zuschlag und Bindemittel. Bei dem Bindemittel handelt es sich üblicherweise um Zementleim (der zum Zementstein erstarrt), ein Gemisch aus Zement und Wasser. Für den Zuschlag steht eine Reihe von Baustoffen mit einer großen Palette unterschiedlicher Eigenschaften wie Dichte, Wärmeleitfähigkeit und Festigkeit zur Verfügung. Die Herstellung von Betonwänden erfolgt in geschoßhohen Schalungen oder in Elementwandbauweise (Bilder 040.3-23 bis 39). Wände aus Ortbeton werden in erster Linie als tragende Elemente ausgeführt (hohe Rohdichte), wodurch die bauphysikalischen Anforderungen zum Teil nur durch den Einsatz von Sekundärschichten erfüllt werden können.

- Zur Erzielung des erforderlichen Wärmeschutzes muss eine zusätzliche, in einem weiteren Arbeitsgang aufgebrachte Dämmschicht vorgesehen werden.
- Die Erfordernisse des Schallschutzes werden in der Regel durch das bei üblichen Abmessungen erzielte hohe Flächengewicht gedeckt. Bei erhöhten Anforderungen und schlankem Querschnitt ist eine zweischalige Bauweise oder eine biegeweiche Vorsatzschale auszuführen.

Eine, auch für nachträgliche Adaptierungen, oft praktizierte Lösung bietet das Außenwanddämmverbundsystem (siehe Bd. 13: Fassaden) immer dann, wenn die Bauart der Wand nicht die geforderte Wärmedämmung ergibt. Bei der Ausführung einer direkt aufgebrachten Deckschicht gilt es, folgende Punkte zu beachten:

- Die Deckschicht erfährt durch die extremen Temperaturschwankungen an der Außenseite der Dämmschicht große Zwängungsspannungen.
- Die anfallende Tauwassermenge in der Dämmschicht muss im Sommer schadlos ausdiffundieren können. Der Diffusionswiderstand je Schichte muss von innen nach außen abnehmen.

Abbildung 040.3-08: Aufbau eines Außenwanddämmverbundsystems

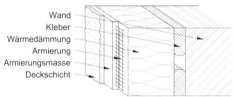

Wand
Kleber
Wärmedämmung
Armierung
Armierungsmasse
Deckschicht

Beispiel 040.3-06: Wärme-, Schallschutz von Betonwänden

	Dicke [cm]		Schichtbezeichnung	ρ	λ
	A	**B**		**[kg/m³]**	**[W/(mK)]**
	2,0		Außenputz	1700	1,000
		0,4	Dünnputzsystem	2000	1,000
		d	Wärmedämmung	–	0,040
	t	t	Beton	2300	2,300
	0,2	0,2	Spachtelung	2000	1,000

		Wärmeschutz					Schallschutz				
Variante	**d**	**U-Wert [W/(m²K)] bei Wanddicke t [cm]**					**Rw [dB] bei Wandstärke t [cm]**				
	[cm]	10	15	20	25	30	10	15	20	25	30
A		4,25	3,89	3,58	3,33	0,67	53	58	61	64	67
B	6	0,58	0,57	0,57	0,56	0,55	51[1]	56[1]	60[1]	64[1]	66[1]
	8	0,45	0,45	0,44	0,44	0,43					
	10	0,37	0,36	0,36	0,36	0,36					
	12	0,31	0,31	0,31	0,30	0,30					

[1] R_W in Abhängigkeit des Wärmedämmsystems minimal: $R_W = R_W - 10$; maximal: $R_W = R_W + 35 - R_W/2$

Nach Art und Umfang der Bewehrung werden unbewehrte oder gering bewehrte Wände aus Beton und Wände aus Stahlbeton unterschieden. Für die Berechnung und Ausführung von unbewehrten oder gering bewehrten Wänden ist die ÖNORM B 4701 heranzuziehen, Wände aus Stahlbeton sind nach ÖNORM B 4700 zu berechnen und auszuführen. Alternativ dazu kann auch die ÖNORM EN 1992-1-1 herangezogen werden, die alle Arten von Wänden aus Beton erfasst. Unbewehrte Wände aus Beton sind auch nach ÖNORM B 3350 berechenbar, wenn die in dieser Norm angeführten Voraussetzungen gegeben sind. Nach ÖNORM B 4700 [56] und ÖNORM B 4701 [57] gelten die in Tabelle 040.3-02 enthaltenen Kennwerte für den Beton.

Tabelle 040.3-02: Betonkennwerte ÖNORM B 4700 [56], ÖNORM B 4701 [57]

| ÖNORM B 4701 | | B 15 | B 20 | B 25 | B 30 | – | B 40 | – | B 50 | – | B 60 |
ÖNORM B4710-1		C 12/15	C 16/20	C 20/25	C 25/30	C 30/37	–	C 35/45	C 40/50	C 45/55	C 50/60
f_{cwk}	[N/mm²]	15,00	20,00	25,00	30,00	37,00	40,00	45,00	50,00	55,00	60,00
f_{ck}	[N/mm²]	11,30	15,00	18,80	22,50	27,80	30,00	33,80	37,50	41,30	45,00
f_{cd}	[N/mm²]	7,50	10,00	12,50	15,00	18,50	20,00	22,50	25,00	27,00	30,00
$\overline{f_{cd}}$	[N/mm²]	6,30	8,30	10,40	12,50	15,40	16,70	18,80	20,80	22,90	25,00
f_{ctm}	[N/mm²]	1,60	1,90	2,20	2,60	2,90	3,00	3,30	3,50	3,80	4,10
f_{ctk}	[N/mm²]	1,10	1,30	1,50	1,80	2,00	2,10	2,30	2,50	2,70	2,90
$\overline{f_{ctd}}$	[N/mm²]	0,61	0,72	0,83	1,00	1,11	1,17	1,28	1,39	1,50	1,61
$\sigma_{c,lim}$	[N/mm²]	2,19	3,20	4,29	5,15	6,84	7,55	8,66	9,69	10,80	11,91
τ_d	[N/mm²]	0,18	0,22	0,24	0,26	0,27	0,28	0,30	0,31	0,32	0,33
E_c	[N/mm²]	26000	27500	29000	30500	32000	32500	34000	35000	36000	37000

f_{cwk} ... charakteristische Würfeldruckfestigkeit
f_{ck} ... charakteristische Dauerstandsfestigkeit
f_{cd} ... Bemessungswert der Betondruckfestigkeit nach ÖNORM B 4700
$\overline{f_{cd}}$ ... Bemessungswert der Betondruckfestigkeit nach ÖNORM B 4701
f_{ctm} ... mittlere Betonzugfestigkeit
f_{ctk} ... charakteristische Betonzugfestigkeit
$\overline{f_{ctd}}$ ... Bemessungswert der Betonzugfestigkeit nach ÖNORM B 4701
$\sigma_{c,lim}$ ... Betonspannung im Grenzzustand
τ_d ... Rechenwert der Schubspannung
E_c ... Mittelwert des Elastizitätsmoduls

Die angegebenen Bemessungswerte gelten für die Grundkombination und beruhen auf einem Teilsicherheitsbeiwert des Betons von γ_c = 1,5 für Stahlbeton und γ_c = 1,8 für unbewehrten und für bewehrten Beton. Für Wände oder Stützen mit Bewehrungen oder anderen Stahleinlagen ist mindestens die Expositionsklasse XC1 gemäß ÖNORM B 4710-1 vorzusehen. Im Allgemeinen wird dies durch einen Beton der Festigkeitsklasse B 20 (C16/20) erfüllt.

040.3.2.1 UNBEWEHRTE BETONWÄNDE

Der Vorteil unbewehrter Betonwände liegt bei der heute hoch entwickelten Schalungstechnik sowie in der einfachen und raschen Ausführung, die besonders im Geschoßbau im Hinblick auf einen zügigen Baufortschritt erwartet wird. Die kosten- und zeitintensive Verlegung der Bewehrung entfällt mit Ausnahme einer geringen Menge konstruktiv erforderlichen Stahls. Rohbaulichten bis zu 5 m bringen keine nennenswerte Einbuße an Traglast, wenn in ausgesteiften Strukturen eine Einspannung in Massivdecken nachgewiesen werden kann. Die Bemessung und Ausführung erfolgt nach ÖNORM B 3350, wenn die dort genannten Voraussetzungen erfüllt sind (z.B. Wandhöhen bis 3,50 m), oder im allgemeinen Fall nach ÖNORM B 4701 [57] bzw. nach ÖNORM EN 1992-1-1.

Wände aus unbewehrtem Beton müssen gemäß ÖNORM B 4701 eine Mindestdicke h_w = 15 cm aufweisen. Dieses Maß gilt auch für die Dicke des Kernbetons bei Mantelbauweise, darf aber auf 12 cm abgemindert werden, wenn die Kriterien nach ÖNORM B 3350 [41] erfüllt sind. Der Bemessungswiderstand N_{Rd} ist bei Wänden aus Mantelbeton mit der tatsächlichen Kernbetondicke zu bestimmen.

In tragenden Wänden sind Schlitze, Durchbrüche und Aussparungen ohne Nachweis zulässig, wenn deren Maximalabmessungen gemäß ÖNORM B 3350 [41] eingehalten werden. Andernfalls ist die Bemessung unter Berücksichtigung der tatsächlichen Querschnittsfläche des Betons durchzuführen. Als Pfeiler oder Stützen gelten Bauteile mit einer Breite b < $4h_w$ mit $h_w \geq 25$ cm. Die Schlankheit unbewehrter Wände oder Stützen aus Ortbeton darf den Wert λ = 86 (l_0/h_w = 25) nicht überschreiten.

Wände bzw. Pfeiler oder Stützen dürfen dann aus unbewehrtem Beton hergestellt werden, wenn keine Sprödbruchgefahr besteht und eine ausreichende Tragsicherheit ohne Berücksichtigung einer Bewehrung nachgewiesen werden kann. Das Einlegen einer Bewehrung zur Verbesserung der Gebrauchstauglichkeit oder für den örtlichen Nachweis der Tragsicherheit wird dadurch nicht ausgeschlossen. Solche Bewehrungen können zum Beispiel Netzbewehrungen zur Beschränkung der Rissbreiten, Anschlussbewehrungen am Wandkopf zur Vermeidung des Betonabplatzens oder Anschlussbewehrungen zwischen Fundamenten und Wänden oder Stützen sein.

Zur Sicherstellung der Gebrauchstauglichkeit (vor allem zur Beschränkung der Rissbildung) sind geeignete Maßnahmen zu treffen, die das Vorsehen von Trennfugen, Methoden der Bautechnologie (geeignete Betonmischung, Betontemperatur, Nachbehandlung), die Wahl geeigneter Baumethoden sowie das bereits erwähnte Einlegen einer rissebeschränkenden Bewehrung umfassen können.

040.3.2.2 WÄNDE AUS BEWEHRTEM BETON UND AUS STAHLBETON

Wände, bei denen zum Nachweis der ausreichenden Tragsicherheit Bewehrung benötigt wird, sind nach den Regeln für bewehrten Beton (ÖNORM B 4701) oder für Stahlbeton (ÖNORM B 4700) zu berechnen und auszuführen. Bewehrter Beton liegt dann vor, wenn die statisch erforderliche Bewehrung geringer ist als die für Stahlbeton erforderliche Mindestbewehrung. Im Übrigen gelten für bewehrten Beton die gleichen Konstruktionsregeln wie für Stahlbeton. Stahlbetonwände müssen eine Mindestdicke von 12 cm bei Herstellung in Ortbeton und 10 cm bei Fertigteilen aufweisen. Für aussteifende Wände ist die Mindestwanddicke mit 8 cm begrenzt. Die Berechnung und Ausführung dieser Wände erfolgt nach ÖNORM B 4700 [56] oder nach ÖNORM EN 1992-1-1 [72].

Bei der Bewehrungsführung sind gemäß ÖNORM B 4700 [56] nachfolgende Forderungen zu beachten:

- Die in Druckrichtung (im Allgemeinen senkrecht) verlegten Bewehrungsstäbe müssen einen Durchmesser von mindestens 8 mm aufweisen. Bei Verwendung von geschweißten Bewehrungsmatten darf der Durchmesser der gedrückten Stäbe 5 mm nicht unterschreiten. Die gegenseitigen Abstände der Stäbe dürfen weder 30 cm noch die doppelte Wanddicke überschreiten. Bei Vorhandensein nennenswerter Querbiegebeanspruchungen der Wand sind die Bestimmungen zur Beschränkung der Rissbreiten zu beachten.

- Die normal zur Druckrichtung (im Allgemeinen horizontal) verlegte Bewehrung muss je Seitenfläche mindestens 0,1% des Betonquerschnittes betragen. Bei einer Wanddicke von z.B. 20 cm sind dies je Seitenfläche 20 · 100 / 1000 = 2,0 cm²/m. Der Durchmesser der Bewehrungsstäbe darf 5 mm nicht unterschreiten. Der gegenseitige Abstand der Bewehrungsstäbe darf nicht größer sein als 30 cm. Bei Auftreten nennenswerter Zwangsbeanspruchungen sind die Bestimmungen zur Beschränkung der Rissbreiten zu beachten. Stirnflächen von Wänden sind ähnlich wie freie Ränder von Platten bügelartig einzufassen.

- Wenn der Querschnitt der in Druckrichtung verlegten Bewehrung 2% des Betonquerschnittes überschreitet, sind zur Sicherung der Bewehrungsstäbe gegen Ausknicken Bügel wie bei Stützen anzuordnen. In allen anderen Fällen genügt es, die normal zur Druckrichtung verlaufende Bewehrung in der jeweils äußeren Lage zu verlegen und an mindestens vier versetzt angeordneten Stellen je m² durch Haken zu verbinden oder (bei sehr dicken Wänden) durch Steckbügel zu verankern. Die erforderliche Betondeckung darf durch diese Haken im notwendigen Ausmaß unterschritten werden.

- Gedrückte Stäbe mit einem Durchmesser von höchstens 16 mm dürfen auch in der äußeren Lage verlegt werden, wenn der Querschnitt der in Druckrichtung verlegten Bewehrung 1% des Betonquerschnittes unterschreitet und die Betondeckung der gedrückten Stäbe mindestens das Zweifache ihres Platzdurchmessers beträgt. Druckbeanspruchte Stäbe von geschweißten Bewehrungsmatten dürfen in allen Fällen außen liegen.

Abbildung 040.3-09: Bewehrung von Stahlbetonwänden

Zur Einsparung der flächigen Schalungsarbeiten werden vorgefertigte Halb-Fertigteile, so genannte Hohlwandelemente, eingesetzt. Die Herstellung dieser Elemente erfolgt in Palettenfertigung auf Umlaufanlagen oder auf Klapptischen mit den baupraktisch üblichen Wandstärken von 18, 20, 25, 30, 35 und 40 cm. Die einzelnen Elemente besitzen rund 5 bis 6 cm dicke Betonschalen (technisch möglich sind Dicken von 3,5 bis 7,0 cm) und sind mittels Gitterträger verbunden. Die Betongüte der Elemente beträgt mindestens C 16/20, und der Kernbeton muss mindestens C 12/15 entsprechen. Die Elemente enthalten bei Lieferung bereits die statisch erforderliche Haupt- und Querbewehrung. Als Material der beiden Wandschalen dient üblicherweise Stahlbeton, aber auch Ausführungen in Leicht- oder Faserbeton sind möglich.

Bei der Montage werden die Elemente über Schrägsteher abgestützt und mittels Stecker- oder Bügelbewehrung untereinander bzw. mit dem Ortbeton verbunden. Nach dem Aushärten des Füllbetons wirkt die Wand wie eine homogene Beton- oder Stahlbetonwand. Für Eckbereiche, Decken- und Zwischenwandanschlüsse sowie Brüstungs-, Sturz- und Fugenausbildungen sind Detaillösungen mit entsprechender Bewehrungszulage zu beachten.

Die Fertigung erfolgt automatisiert und ermöglicht daher maßgeschneiderte Wandgeometrien. Sowohl rechteckige als auch komplexe Wandgeometrien werden objekt-
bezogen hergestellt. Dies trifft sowohl auf die Außenkonturen als auch auf die
Öffnungen und Aussparungen zu. Folgende Einzelabmessungen der Wandelemente
sind möglich:

- Wandhöhe bis 3,0 m   max. Wandbreite ca. 7,5 m.
- Wandhöhe über 3,0 m   max. Wandbreite 3,0 m aus Transportgründen.

Hohl- bzw. Doppelwände (Bilder 040.3-27 bis 29) sind für alle Wandarten geeignet
und bei entsprechender Ausführung auch als Komponenten einer weißen Wanne im
Kellerbereich einsetzbar.

Abbildung 040.3-10: Hohlwände [82]

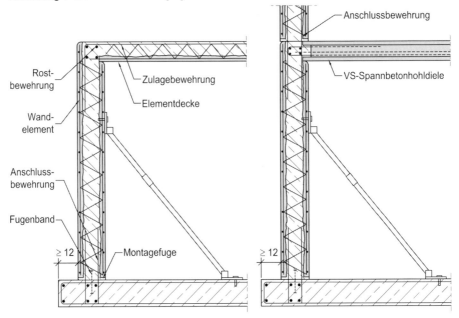

Abbildung 040.3-11: Anschlussdetails – Hohlwände [82]

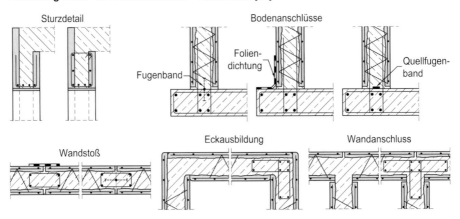

040.3.2.3 FERTIGTEILWÄNDE

Wände aus Fertigteilen werden vor allem für Fertigteilkeller im Einfamilienhausbau angewendet, im Geschoßbau finden sie wegen der oft schwierigen Anschlüsse und hohen Transportgewichte nur bei darauf spezialisierten Firmen Anwendung. Nicht zu verwechseln sind Fertigteilwände mit Hohl- oder Doppelwänden, die zwar Halb-Fertigteile darstellen, aber eine Verfüllung mit Beton auf der Baustelle erfordern.

Tabelle 040.3-03: Längsverbindungen von wandartigen Betonfertigteilen [4]

Druckkräfte	Zugkräfte	Querkräfte	Querkräfte

Großflächenelemente (Großtafelbauweise) als tragende Außen- oder Innenwände werden im Mörtelbett versetzt und im Montagezustand mit Hilfsstützen (Schrägstützen) an der Rohdecke abgestützt. Die Verbindungen der einzelnen Elemente erfolgt über ausgesparte Vergusskammern mit Bewehrungsschlaufen.

Um die durch die Rationalisierung der Wandherstellung gewonnene Bauzeit bei der Deckenherstellung nicht zu verlieren, werden die Geschoßdecken als Vollmontagedecken (siehe Bd. 5: Decken) ausgeführt. Die Verbindung zwischen Wand und Decke erfolgt über einen Rostabschluss. Nach Erreichen der Mindestbetonfestigkeit des Vergussbetons im Rostbereich sowie in den Vergusskammern der Wände kann mit der Montage des nächsten Geschoßes begonnen werden.

Fertigteilwände sind auch als mehrschalige Wandkonstruktionen („*Sandwichplatten*" → siehe Bd. 13: Fassaden) oder einschalig mit zusätzlichen Wärmedämmschichten möglich. Der Baustoff der Tragschale kann vom Stahlbeton bis zum unbewehrten Leichtbeton oder Porenbeton reichen und ist nach den einschlägigen Normen zu dimensionieren.

In die Großflächenelemente ist bereits eine Leerverrohrung für Elektroanschlüsse integriert. Sanitärinstallationen sollten in eigenen Installationsnischen geführt und zu Sanitärgruppen zusammengefasst werden.

Die Ausführung von Bauwerken mit Fertigteilwänden setzt eine umfassende Vorplanung voraus und erfordert für den Transport und das Versetzen der Fertigteile oft Sonderlösungen zur Realisierung.

040.3.3 DIMENSIONIERUNG VON BETON- UND MANTELBETONWÄNDEN

040.3.3.1 BEMESSUNG NACH ÖNORM B 3350

Bei der Bemessung von Wänden im Sinne der ÖNORM B 3350 [41] ist nur der Grenzzustand der Traglast von Bedeutung (siehe Kap. 040.2). Es ist dabei nachzuweisen, dass $N_{Sd} \leq N_{Rd}$ ist, wobei unter N_{Sd} bzw. N_{Rd} die aufzunehmenden bzw. aufnehmbaren vertikalen Schnittkräfte verstanden werden (Formel 040.2-03).

Der vertikale Bemessungswiderstand N_{Rd} errechnet sich für Wände aus Mantelbeton analog jenem aus Mauerwerk nach der Formel 040.2-06 mit einem entsprechend geänderten Teilsicherheitsbeiwert.

$$N_{Rd} = \frac{\Phi \cdot f_k \cdot A}{\gamma_M} \qquad (040.3\text{-}01)$$

Φ	Abminderungsfaktor für die Schlankheit und Exzentrizität	[–]
f_k	charakteristische Druckfestigkeit der Wand	[N/mm²]
γ_m	Teilsicherheitsbeiwert für Mantelbauweise, Betonbauweise = 1,80	[–]
A	Nettoquerschnittsfläche der Wand	[m²]

Bei Wänden aus Beton oder aus Mantelbeton gilt gemäß ÖNORM B 3350 [41] als charakteristische Druckfestigkeit f_k der Rechenwert der Betonfestigkeit, der der charakteristischen Dauerstandsfestigkeit im Bauwerk f_{ck} entspricht. Bei Wänden aus Mantelbeton gilt f_k für den Betonkern, dies entspricht der Nettoquerschnittfläche des Füllbetons unter Ausschluss der Steganteile.

$$f_k = 0{,}75 \cdot f_{ck,cube} = f_{ck} \qquad (040.3\text{-}02)$$

Bei Wänden aus Mantelbeton mit einer Kernbetonlänge kleiner als 50 cm (Pfeiler), ist die charakteristische Druckfestigkeit f_k mit nachstehendem Faktor zu multiplizieren:

$$\left(0{,}7 + 0{,}6 \cdot L_c\right) \qquad (040.3\text{-}03)$$

L_c	Nettokernbetonlänge der Wand	[m]

Für die Berechnung des Abminderungsfaktors Φ gelten alle Formeln in Analogie zum Mauerwerk (040.2-11, 040.2-12), wobei für die effektive Wanddicke t_{ef} die Kernbetondicke t_c einzusetzen ist.

$$t_{ef} = t_c \qquad (040.3\text{-}04)$$

Bei der Ausführung sind die Mantelsteine ohne Mörtel so aneinander gepresst („knirsch") zu versetzen, dass der Betonkern eng stehende, lotrechte, über die gesamte Geschoßhöhe durchgehende Pfeiler bildet, die in jeder Schar durch Betonriegel miteinander verbunden sind. Bei der Einbringung des Betons ist darauf zu achten, dass er sich nicht entmischt.

Arbeitsfugen bei Beton- und Mantelbetonwänden sind innerhalb der Geschoßhöhe möglichst zu vermeiden, wo dies ausnahmsweise nicht möglich ist, sind sie durch im Querschnitt versetzte Steckeisen aus Betonstahl zu sichern:

- Der Abstand der Steckeisen voneinander darf nicht größer als 50 cm sein, der Gesamtquerschnitt muss mindestens $^1/_{2000}$ der Querschnittsfläche des anzuschließenden Betonkernes betragen, jedoch sind je Meter Wandlänge mindestens zwei Betonstähle BST 550 Ø = 8 mm (oder gleichwertig) anzuordnen.
- Die Steckeisen müssen jeweils mindestens 20 cm in die angeschlossenen Betonkerne reichen.

Beispiel 040.3-07: Bemessungslast einer Wand aus Mantelbeton ÖNORM B 3350 [41]

Mantelbeton: Wandstärke: t = 25 cm
Kernbetondicke t_c = 15 cm, Mantelplatten 2 x 5 cm
Kenbetongüte C20/25 f_{cwk} = 25 N/mm², f_{ck} = 18,8 N/mm²
lichte Wandhöhe: h = 3,0 m
Ortbetondecke → ρ_n = 0,75
Teilsicherheitsbeiwert Mantelbetonbauweise γ_M = 1,80

1. $f_k = f_{ck} = 18{,}80 \, N/mm^2$

2. $h_{ef} = \rho_n \cdot h = 0{,}75 \cdot 300 = 225 \, cm$

3. $t_{ef} = t_c = 15 \, cm$

4. $\dfrac{h_{ef}}{t_{ef}} = \dfrac{225}{15} = 15 \le 25$

5. $\phi = 0{,}85 - 0{,}0011 \cdot \left(\dfrac{h_{ef}}{t_{ef}}\right)^2 = 0{,}85 - 0{,}0011 \cdot \left(\dfrac{225}{15}\right)^2 = 0{,}603$

6. $N_{R,d} = \dfrac{\phi \cdot f_k \cdot A}{\gamma_M} = \dfrac{0{,}603 \cdot 18{,}80 \cdot (150 \cdot 1000)}{1{,}80 \cdot 1000} = 945 \, kN/m$

040.3.3.2 BEMESSUNG NACH ÖNORM B 4701

Bei Bauteilen wie Stützen, die durch Biegung mit Normalkraft beansprucht sind, ist nachzuweisen, dass unter den Bemessungsschnittkräften der Bemessungswert $\overline{f}_{cd}$ der Betondruckfestigkeit eingehalten ist. Zugspannungen des Betons sind nicht zu berücksichtigen.

Abbildung 040.3-12: Wirksamer Querschnitt bei Biegung mit Normalkraft [57]

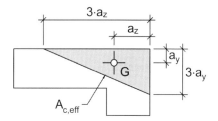

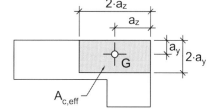

GENAUES VERFAHREN   VEREINFACHTES VERFAHREN

Die Betondruckspannungen werden über den wirksamen Querschnitt mit der Fläche $A_{c,eff}$ als gleichmäßig verteilt angenommen. Der wirksame Querschnitt ist jener Teil des Gesamtquerschnittes, dessen Schwerpunkt dem Angriffspunkt der Normalkraft N_{Sd} entspricht. Er ist im Allgemeinen durch eine Gerade begrenzt, darf aber vereinfachend auch als Rechteck angenommen werden. Die außerhalb des wirksamen Querschnittes liegenden Teile des Gesamtquerschnittes werden als inaktiv betrachtet. Eine ausreichende Tragsicherheit ist gegeben, wenn die Bedingung nach Formel (040.3-05) erfüllt ist.

$$N_{Sd} \leq A_{c,eff} \cdot \overline{f_{cd}} \qquad\qquad (040.3\text{-}05)$$

$A_{c,\,eff}$ Wirksamer Querschnitt bei Biegung und Normalkraft (Abb. 040.3-12)   [cm³]

Bei Rechteckquerschnitten mit einachsiger Exzentrizität der Normalkraft (z.B. Wände oder Pfeiler) vereinfacht sich dann die Gleichung zu:

$$N_{Sd} \leq b \cdot (h_w - 2 \cdot e) \cdot \overline{f_{cd}} \qquad\qquad (040.3\text{-}06)$$

Bei der Bestimmung der Exzentrizität der Normalkraft sind erforderlichenfalls Auswirkungen der Theorie 2. Ordnung zu berücksichtigen. Um der Gefahr plötzlichen Versagens zu begegnen, ist bei freistehenden Bauwerken (z.B. Stützmauern) bei durchtrennt gedachtem Querschnitt eine Kippsicherheit von 1,50 nachzuweisen, wenn keine Maßnahmen zur Vermeidung örtlicher Rissbildung durch Einlegen einer Bewehrung getroffen wurden. Die in älteren Vorschriften enthaltene Regelung, die Ausmitte der Normalkraft bei Berechnung mit gerissener Zugzone mit $e \leq 0{,}33 h_w$ zu begrenzen, führt zu einem ähnlichen Ergebnis wie der Nachweis der Kippsicherheit. Analog zum Nachweis der Kippsicherheit bei freistehenden Bauwerken ist bei unbewehrten Wänden oder Pfeilern die Ausmitte e der Normalkraft in Übereinstimmung mit der ÖNORM ENV 1992-1-6 [73] mit den Werten in Tabelle 040.3-04 zu begrenzen, um der Gefahr plötzlichen Versagens zu begegnen.

Tabelle 040.3-04: Grenzen der Ausmitte der Normalkräfte [73]

	e/h_w
$\lambda \leq 35$	0,33
$35 < \lambda \leq 70$	0,25
$70 < \lambda \leq 86$	0,15

In Arbeitsfugen, in denen Zugspannungen zu erwarten sind, ist stets eine Bewehrung zur Aufnahme der Zugkräfte einzulegen, die mit den in der Arbeitsfuge wirkenden Schnittkräften N_{Sd} und M_{Sd} zu bemessen ist. Bei Bauteilen mit $l_0/h_w > 2{,}5$ sind die Auswirkungen nach Theorie 2. Ordnung zu berücksichtigen. Grundlage hiefür ist die Schlankheit des betrachteten Bauteiles.

$$\lambda = \frac{l_o}{i} \qquad l_o = \beta \cdot l_w \tag{040.3-07}$$

λ	Schlankheit	[–]
l_o	Länge des Ersatzstabes (Knicklänge)	[cm]
i	kleinster Trägheitshalbmesser	[cm]
l_w	tatsächliche Höhe des Bauteils	[cm]
β	von den Lagerungsbedingungen abhängiger Koeffizient	[–]

Der Koeffizient β berücksichtigt die Knicksicherheit und ist nach den Regeln der Stabilitätstheorie zu bestimmen. Demnach gilt für Wände, die nicht durch Querwände ausgesteift sind, sowie für Stützen im Allgemeinen $\beta = 1,0$ und für freistehende, unten eingespannte Wände $\beta = 2,0$. Querwände dürfen als Aussteifung berücksichtigt werden, wenn:

- ihre Dicke nicht geringer ist als die Hälfte der Dicke der auszusteifenden Wand, jedoch mindestens 9 cm beträgt,
- sie die gleiche Höhe l_w wie die auszusteifende Wand haben,
- ihre Länge mindestens 1/5 der Höhe der auszusteifenden Wand beträgt,
- innerhalb der Länge der aussteifenden Wand keine Öffnungen vorhanden sind.

Angaben über den unter Berücksichtigung aussteifender Querwände zu bestimmen-den Wert β sind in ÖNORM B 4701 enthalten. Wenn keine genauere Untersuchung nach Theorie 2. Ordnung erfolgt, darf die ausreichende Tragsicherheit nach der Näherung gemäß Formel (040.3-08) nachgewiesen werden. Die Funktion Φ berück-sichtigt die Auswirkungen der Theorie 2. Ordnung einschließlich des Kriechens.

$$N_{Sd} \le b \cdot h_w \cdot \overline{f_{cd}} \cdot \Phi$$

$$\Phi = 1,14 \cdot \left(1 - \frac{2 \cdot e_{tot}}{h_w}\right) - \frac{0,02 \cdot l_o}{h_w} \ge 0$$

$$\Phi \le \left(1 - \frac{2 \cdot e_{tot}}{h_w}\right) \tag{040.3-08}$$

$$e_{tot} = e_0 + e_a$$

b	Gesamtbreite eines Querschnitts bzw. Breite des Druckgurts	[cm]
h_w	Höhe des Querschnitts in Richtung des Ausweichens	[cm]
l_0	Länge des Ersatzstabes (Knicklänge)	[cm]
e_{tot}	gesamte Exzentrizität	[cm]
e_0	Exzentrizität nach Theorie 1. Ord. unter Berücksichtigung von Deckenein-spannmoment und horizontaler Belastungen der Wand oder der Stütze	[cm]
e_a	zusätzliche Exzentrizität zufolge geometrischer Imperfektionen; im Allgemeinen darf $e_a = l_0 / 400$ gesetzt werden	[cm]

Bei Stützen mit einer Querschnittsbreite b unter 50 cm ist der Bemessungswert der Betondruckspannung mit dem Faktor $(0,7 + 0,6\, b)$, wobei b in Meter einzusetzen ist, zu multiplizieren. Bei Einhaltung des Anwendungsbereiches der ÖNORM B 3350 [41] hinsichtlich der Geschoßzahlen, der Deckenspannweiten, der Nutzlasten und Roh-baulichten darf die Exzentrizität 1. Ordnung e_0 vereinfachend angesetzt werden mit:

$$e_0 = \frac{h_w}{2{,}5 \cdot \pi} + \left(\frac{l_0}{2500 \cdot h_w} - \frac{1}{86} \right) \cdot l_0 \qquad (040.3\text{-}09)$$

Beispiel 040.3-08: Bemessungswiderstandes einer unbewehrten Betonwand

Material: Beton C 20/25
Abmessungen:
Wandstärke h_w = 20 cm (Innenwand)
Lichte Raumhöhe 4,00 m
Deckenstärke 30 cm (einschließlich Fußbodenaufbau) → l_w = 4,00 + 0,30 = 4,30 m
Voraussetzungen für ÖNORM B 3350 nicht erfüllt → Berechnung nach ÖNORM B 4701

1. Nach Tabelle 040.3.2: $\overline{f_{cd}} = 10{,}4 \; N/mm^2$

2. Effektive Länge des Bauteils: $l_0 = \beta \cdot l_w = 0{,}85 \cdot 4{,}30 = 3{,}66 \; m$

3. Schlankheit: $\lambda = \dfrac{l_0}{i} = \dfrac{366}{20 \cdot 0{,}289} = 63 < 86$

4. Bei Innenwänden mit annähernd gleichen Stützweiten der anschließenden Decken darf die Auswirkung der Einspannmomente der Decken näherungsweise vernachlässigt werden
    $\rightarrow e_0 = 0$

5. $e_{tot} = e_0 + e_a = 0 + \dfrac{366}{400} = 0{,}92 \; cm$

    $\Phi = 1{,}14 \cdot \left(1 - \dfrac{2 \cdot e_{tot}}{h_w} \right) - \dfrac{0{,}02 \cdot l_o}{h_w} = 1{,}14 \cdot \left(1 - \dfrac{2 \cdot 0{,}92}{20} \right) - \dfrac{0{,}02 \cdot 366}{20} = 0{,}67$

    $\Phi \le 1 - \dfrac{2 \cdot e_{tot}}{h_w} = 1 - \dfrac{2 \cdot 0{,}92}{20} = 0{,}91 \ldots ist \; erfüllt$

6. $N_{R,d} = b \cdot h_w \cdot \overline{f_{cd}} \cdot \Phi = 1000 \cdot 200 \cdot 10{,}4 \dfrac{0{,}67}{1000} = 1394 \; kN$

040.3.4 DIMENSIONIERUNG VON STAHLBETONWÄNDEN

Wenn für eine Wand aus unbewehrtem Beton keine ausreichende Tragfähigkeit nachgewiesen werden kann, ist der Widerstand der Wand durch Bewehrung zu erhöhen. Wenn dabei die Mindestbewehrung nach ÖNORM B 4700 nicht eingehalten wird, ist die Wand als Wand aus bewehrtem Beton nach ÖNORM B 4701 oder als Stahlbetonwand nach ÖNORM B 4700 zu berechnen und auszuführen. Für die Bemessung sind in diesem Fall die im Kap. 040.4 angeführten und für Stützen geltenden Vorschriften heranzuziehen.

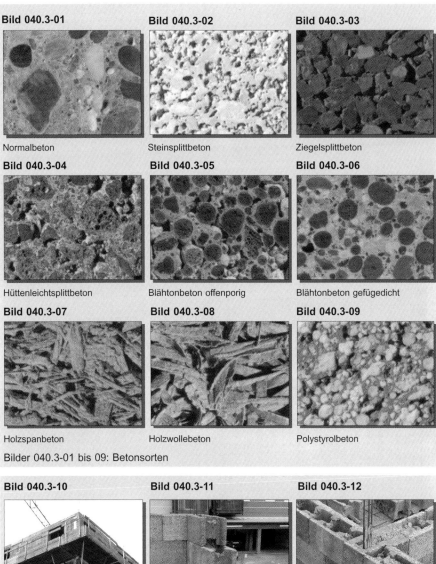

Bild 040.3-01

Normalbeton

Bild 040.3-02

Steinsplittbeton

Bild 040.3-03

Ziegelsplittbeton

Bild 040.3-04

Hüttenleichtsplittbeton

Bild 040.3-05

Blähtonbeton offenporig

Bild 040.3-06

Blähtonbeton gefügedicht

Bild 040.3-07

Holzspanbeton

Bild 040.3-08

Holzwollebeton

Bild 040.3-09

Polystyrolbeton

Bilder 040.3-01 bis 09: Betonsorten

Bild 040.3-10

Bild 040.3-11

Bild 040.3-12

Bild 040.3-10: Übersicht – Mantelbetonwand
Bild 040.3-11: Mantelbeton – Abtreppung Wandsteine
Bild 040.3-12: Mantelbeton – Wandeinbindung

Bild 040.3-13

Bild 040.3-14

Bild 040.3-13: Mantelbetonwand
Bild 040.3-14: Mantelbeton – Aufzugsschacht

Bild 040.3-15

Bild 040.3-16

Bild 040.3-17

Bild 040.3-18

Bild 040.3-19

Bild 040.3-20

Bilder 040.3-15 bis 20: Mantelbeton – Ausführungsdetails

Bild 040.3-21

Bild 040.3-22

Bild 040.3-21: Hohlwandmodul aus Mantelbetonsteinen – Versetzvorgang
Bild 040.3-22: Mantelbetonwand aus Hohlwandmodulen

Bild 040.3-23   **Bild 040.3-24**

Bild 040.3-23: Stahlbetonwand
Bild 040.3-24: Schalung und Bewehrung einer Stahlbetonwand

Bild 040.3-25   **Bild 040.3-26**

Bild 040.3-25: Randschalung
Bild 040.3-26: Fugenbanddetail

Bild 040.3-27   **Bild 040.3-28**   **Bild 040.3-29**

Bild 040.3-27: Hohlwand
Bild 040.3-28: Hohlwand – Wandanschluss und verfüllt
Bild 040.3-29: Hohlwand – Innenansicht

Bild 040.3-30

Bild 040.3-31

Bild 040.3-30: Stahlbetonwand mit eingesetzten Fertigteilen
Bild 040.3-31: Fertigteilelement

Bild 040.3-32

Bild 040.3-33

Bild 040.3-32: Fugenausbildung bei Fertigteilwänden
Bild 040.3-33: Keller mit Betonfertigteilen

Bild 040.3-34

Bild 040.3-35

Bild 040.3-36

Bild 040.3-37

Bild 040.3-38

Bild 040.3-39

Bilder 040.3-34 bis 39: Betonfertigteilwände aus Ziegelsplittbeton

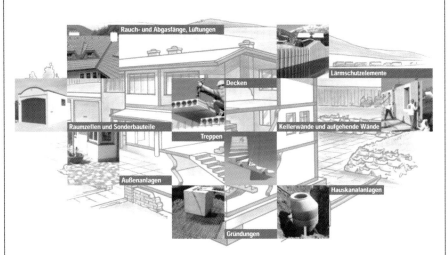

SpringerTechnik

Anton Pech, Andreas Kolbitsch
Treppen/Stiegen

Unter Mitarbeit von Alfred Pauser, Klaus Jens, Monika Anna Klenovec.
2005. 153 Seiten. Zahlreiche, zum Teil farbige Abbildungen.
Gebunden **EUR 24,–**, sFr 41,–
ISBN 3-211-21499-2
Baukonstruktionen, Band 10

 SpringerWienNewYork
P.O. Box 89, Sachsenplatz 4–6, 1201 Wien, Österreich, Fax +43.1.330 24 26, books@springer.at, springer.at
Haberstraße 7, 69126 Heidelberg, Deutschland, Fax +49.6221.345-4229, SDC-bookorder@springer-sbm.com, springeronline.com

040.4 PFEILER UND STÜTZEN

Stützen dienen in erster Linie der Abtragung von Lasten und vertikal wirkenden Kräften. Bei Rahmentragwerken werden die Stützen auch zur Aussteifung herangezogen und sind daher Biegebeanspruchungen unterworfen. Derartige Konstruktionselemente werden im Massivbau in Wandscheiben integriert oder als selbstständige druckbeanspruchte Bauteile ausgebildet. Kombinationen aus Mauerwerksscheiben mit Stützen in Verbundbauweise oder Stahlbauweise (unter Beachtung der notwendigen Brandschutzverkleidungen) erfordern besondere Sorgfalt in den Anschlussbereichen.

Hinsichtlich der Beanspruchung wird unterschieden in Druckstützen und Hängestützen, wobei Hängestützen im Hochbau nur selten und dann bei Sonderkonstruktionen eingesetzt werden. Als Beispiele dafür sind die des Hängestützen des BMW-Hochhauses in München oder die des Juridikums in Wien anzuführen. Die folgenden Betrachtungen konzentrieren sich vorwiegend auf druckbeanspruchte Stützen. Diese dienen in erster Linie zur Abtragung von Lasten und vertikal wirkenden Kräften, Biegebeanspruchungen der Stützen sind in der Regel weitgehend beschränkt. Imperfektionen und Verformungen nach Theorie 2. Ordnung führen zu zusätzlichen Momenten und reduzieren unter Berücksichtigung der Bauteilschlankheit die Tragfähigkeit der druckbeanspruchten Tragelemente.

Um die Eintragung von Momenten in die lastabtragenden Druckstützen möglichst zu vermeiden, ist es notwendig, die Stützen an Stellen des Gebäudes anzuordnen, die weitgehend mit den Schwerpunkten der zugeordneten Lasteintragungsgebiete der betroffenen Deckenfelder übereinstimmen. Nach der Art der Beanspruchung können zwei Kategorien von Druckstützen unterschieden werden:

- Stützen in *unverschieblichen Systemen* sind dadurch gekennzeichnet, dass die Abtragung horizontal wirkender Kräfte (Wind, Erdbeben etc.) anderen Konstruktionselementen wie Tragwänden oder Kernen (meist die Begrenzungswände vertikaler Gebäudeerschließung) zugeordnet wird. Die Stützen selbst werden in derartigen Systemen daher nur durch die Tragwerkslasten und die in den Wand-Decken-Knoten eingetragenen Momente beansprucht.

- Stützen in *verschieblichen Systemen* müssen auch die ihnen zugeordneten Anteile der Horizontalkräfte in den Baugrund abtragen. Die damit verbundenen Stützenkopfverschiebungen sind zwangsläufig mit Zusatzmomenten (bedingt durch die aufzunehmende Last) verbunden. Da die Kopfauslenkung mit der dritten Potenz der Stützenhöhe korreliert, sind derartige Konstruktionsteile hinsichtlich ihres Einsatzes im Wesentlichen auf eingeschoßige Hallenkonstruktionen beschränkt.

Bei der Planung von Geschoßbauten (Wohn- und Verwaltungsbauten) ist vor allem die Querschnittsabmessung von Druckstützen häufig Gegenstand von Diskussionen zwischen Tragwerksplaner und Architekt. Dabei stehen die architektonische Forderung nach möglichst schlanken Druckgliedern und die konstruktiven Notwendigkeiten häufig gegeneinander. Tragsicherheit und Gebrauchstauglichkeit werden durch die materialspezifische Bemessung unter Berücksichtigung der jeweils maßgebenden Einwirkungen bestimmt.

Da bei mehr- und vielgeschoßigen Bauwerken die (maßgebenden) Lasten nach unten entsprechend zunehmen, würde die Wahl gleichartiger Materialien bei wirtschaftlicher Querschnittsdimensionierung nach unten zunehmende Abmessungen erfordern, was meist nicht erwünscht ist. Daher werden in diesen Fällen nach unten zunehmend (bei gleich bleibenden Querschnitten) höhere Materialfestigkeiten oder aber Verbundquerschnitte gewählt.

040.4.1 MAUERWERK

In der ÖNORM B 3350 [41] werden die Vorgaben zu Mauerwerkspfeilern in der klassischen Wandbauweise definiert.

Pfeiler und Stützen sind tragende Bauteile mit einer Querschnittsfläche kleiner als 0,1 m²
bzw. bei der Mantelbauweise (Bilder 040.4-04 bis 07) einer Kernbetonlänge kleiner als
50 cm. Pfeiler mit einer Längsausdehnung kleiner als ein Stein bzw. kleiner als 25 cm
sind als tragende Teile unzulässig. Bei der Mantelbauweise ist unter Längsausdehnung
die Länge des ungeschwächten statisch wirksamen Betonkerns zu verstehen. [41]

Bei tragenden Wänden aus Mauerwerk ist damit der Übergang von der Wand zum Pfeiler (Bilder 040.4-01 bis 03) durch die Querschnittsfläche von 0,1 m² definiert. Nachdem die geringste Wandlänge eines Pfeilers mit 25 cm festgelegt ist, gibt es ab einer Wanddicke über 40 cm (0,25 x 0,40 = 0,10 m²) keine Pfeiler, sondern nur mehr Wände. Hinsichtlich der Berücksichtung von Mauerwerkspfeilern für die Bemessung siehe Kap. 040.2.

Beispiel 040.4-01: Bemessungslast Mauerwerkspfeiler aus Hochlochziegel

Mauerwerk: Hochlochziegel Gruppe 2,
              Steinhöhe: h = 25 cm, Pfeilerabmessungen t = 25 cm, l = 25 cm
              $\overline{f}_b$ = 15 N/mm²
              Normalmörtel mit f_m = 5 N/mm²
              lichte Wandhöhe: h = 3,0 m
              Ortbetondecke mit 25 cm Auflagertiefe → ρ_n = 0,75
              Teilsicherheitsbeiwert Mauerwerk γ_M = 2,20

1. Korrekturfaktor für die angegebenen Steinabmessungen δ = 1,15

2. Abminderung für Pfeiler $(0,7 + 3 \cdot 0,25 \cdot 0,25) = 0,888$

3. Der Beiwert k = 0,55 und die Exponenten a = 0,65 und b = 0,25 → Tab. 040.2-13

4. $f_k = 0,888 \cdot k \cdot f_b^a \cdot f_m^b = 0,888 \cdot 0,55 \cdot 17,25^{0,65} \cdot 5,0^{0,25} = 4,65\ N/mm^2$

5. $h_{ef} = \rho_n \cdot h = 0,75 \cdot 300 = 225\ cm$

6. $t_{ef} = t = 25\ cm$

7. $\dfrac{h_{ef}}{t} = \dfrac{225}{25} = 9 \leq 25$

8. $\phi = 0,85 - 0,0011 \cdot \left(\dfrac{h_{ef}}{t_{ef}}\right)^2 = 0,85 - 0,0011 \cdot \left(\dfrac{225}{25}\right)^2 = 0,761$

9. $N_{R,d} = \dfrac{\phi \cdot f_k \cdot A}{\gamma_M} = \dfrac{0,761 \cdot 4,65 \cdot (250 \cdot 250)}{2,20 \cdot 1000} = 101\ kN$

Abbildung 040.4-01: Mauerwerk – Zusammenhang Wand-Pfeiler

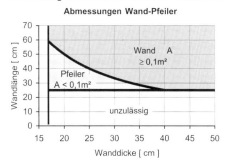
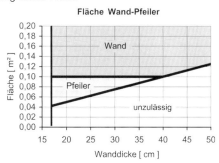

040.4.2 BETON UND STAHLBETON

Bei Hochbauten in *„klassischer Stahlbetonbauweise"* werden die horizontalen Einwirkungen (Windkräfte und Erdbebenkräfte) über aussteifende Wandscheiben in die Fundierung abgeleitet. Stützen (Bilder 040.4-08 bis 21) übernehmen dabei im Wesentlichen die Ableitung der vertikalen Lasten und Kräfte. Im Gegensatz dazu werden Hochbauten in Stahlbauweise in Rahmentragwerke aufgelöst. Die Abgrenzung zwischen Stützen und Wänden (druckbeanspruchten Scheiben) kann im Stahlbetonbau über das Verhältnis der Querschnittsabmessungen im Horizontalschnitt getroffen werden. Um eine ordnungsgemäße Herstellung sicherstellen zu können, darf gemäß ÖNORM B 4700 [56] bei stehend hergestellten Stützen aus Ortbeton

* die kleinste Abmessung von Vollquerschnitten 20 cm,
* die Flanschdicke oder Stegdicke von aufgelösten Querschnitten (z.B. L- oder T-Querschnitte) 14 cm,
* die Wandungsdicke von Hohlquerschnitten 12 cm.

nicht unterschreiten. Vollquerschnitte mit einem Seitenverhältnis h/b > 4 sind als Wände zu behandeln. Ebenso sind Teile aufgelöster Querschnitte, deren freie Breite größer als ihre 5-fache Dicke ist, und Wandungen von Hohlquerschnitten, deren Länge größer als ihre 10-fache Dicke ist, als Wände zu behandeln. Bei einer Herstellung von Stützen als Fertigteile gelten geringere Mindestabmessungen, die in ÖNORM B 4705 [58] festgelegt sind.

Abbildung 040.4-02: Grenzwerte der Abmessungen von stehend hergestellten Stützen aus Ortbeton [56]

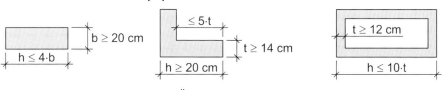

VOLLQUERSCHNITT   **AUFGELÖSTE QUERSCHNITTE**   **HOHLQUERSCHNITTE**

Die Schlankheit von Stahlbetonstützen ist gemäß ÖNORM B 4700 bei Berechnung nach dem dort beschriebenen vereinfachten Verfahren mit $\lambda = 140$ begrenzt. Bei einer allgemeinen, nicht linearen Berechnung, die allerdings derzeit noch sehr aufwändig ist, sind Schlankheiten bis $\lambda = 180$ zulässig. Dies entspricht beispielsweise einer an ihren Enden gelenkig gelagerten Stütze mit einem Querschnitt von 20/20 cm und einer Höhe von 10,40 m. Es bedarf keiner weiteren Begründung, dass die Herstellung derartiger Stützen besonderer Sorgfalt bedarf und nur in Sonderfällen in Betracht gezogen werden sollte, zumal auch die Tragfähigkeit solcher Stützen aus Gründen der Stabilität nur sehr gering ist. Üblicherweise sollten Schlankheiten von λ = 100 nicht überschritten werden.

Massive Stützen im unverschieblichen System stellen die häufigste Ausführungsart im vielgeschoßigen Hochbau dar. Das so entstehende Skelett bietet ein hohes Maß an Flexibilität und damit verbunden wirtschaftliche Vorteile. Derartige Ausführungen wurden daher bei Hochhausbauten in den USA bereits sehr frühzeitig realisiert.

Abbildung 040.4-03: Typische Querschnittsformen nicht rechteckiger Massivstützen

Neben den bereits angeführten Vorteilen ist auf den oftmaligen Einsatz gleicher Schalungselemente und auf die Entkoppelung der Tragstruktur von der Gebäudehülle und den Ausbauelementen zu verweisen. Weiters kann durch die Schlankheit der Stützen (Ausnahme vielgeschoßige Bauwerke) der Zwang aus elastischen sowie zeitabhängigen und plastischen Verformungen klein gehalten werden. Die Steifigkeit der Stützen kann durch Rissbildung im zulässigen Bereich signifikant abgebaut werden, damit sind fugenlose Längsausdehnungen bis zu 60 m (100 m) möglich.

Abbildung 040.4-04: Vorbemessung von Stützen (rund oder quadratisch) in unverschieblichen Systemen [9]

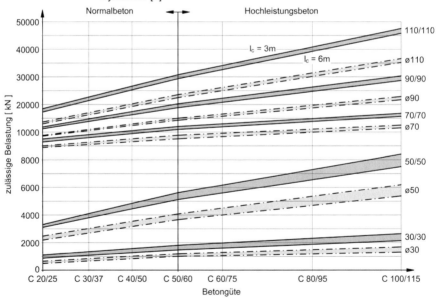

Zur Kategorie massiver Stützen in verschieblichen Systemen zählen vor allem Fertigteilstützen (Kragstützen) mit gelenkigen Riegelanschlüssen, die meist in Köcherfundamenten eingespannt sind und über die gesamte Gebäudehöhe durchgehen. Die Höhe derartiger Stützen ist wegen des Justierens und der provisorischen Stabilisierung während der Montage mit etwa 12 bis 15 m beschränkt. In den Vorbemessungsdiagrammen (Abb. 040.4-05) sind Imperfektionen und Verformungen nach Theorie 2. Ordnung bereits berücksichtigt.

Abbildung 040.4-05: Vorbemessung von Kragstützen [9]

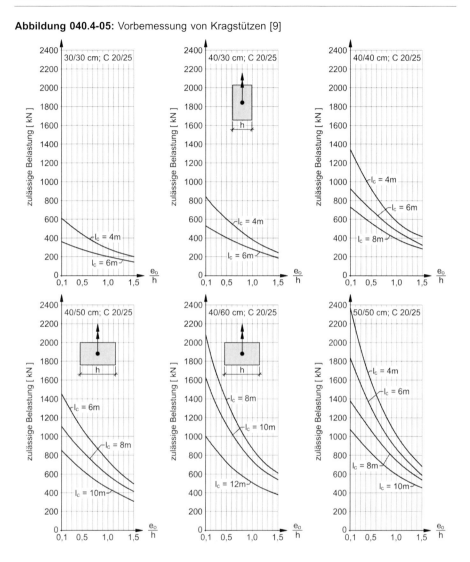

Besondere Bedeutung haben Kragstützen mit Höhen bis zu 12 m im Hallenbau, die in Verbindung mit Fertigteilbindern eingesetzt werden. Damit können unterschiedlichste Hallen auf wirtschaftliche Weise konzipiert werden.

Neben der Längsbewehrung, die an der Abtragung der Druckkräfte und der Biegemomente beteiligt ist, sind in Stahlbetonstützen Bügelbewehrungen bzw. Umschnürungen (Wendelbewehrungen) aus folgenden Gründen vorzusehen:

- Bei Stützen, die durch Querkraft und Biegung beansprucht werden, sind Bügel (Wendel) zur Querkraftaufnahme notwendig.

- Die Längsbewehrung der Stützen ist im Allgemeinen auf Druck beansprucht und daher knickgefährdet. Durch das Kriechen des Betons wird die Druckbeanspruchung der Längsbewehrung und damit deren Knickgefahr noch erhöht. Um ein Ausknicken der Längsbewehrung zu verhindern, ist diese durch Bügel bzw. bei runden Stützen durch eine Wendel zu sichern.

- Weiters verhindern Bügel oder Wendel das Öffnen örtlich auftretender Längsanrisse in Stützen.

Abbildung 040.4-06: Bügelanordnung bei Stützen

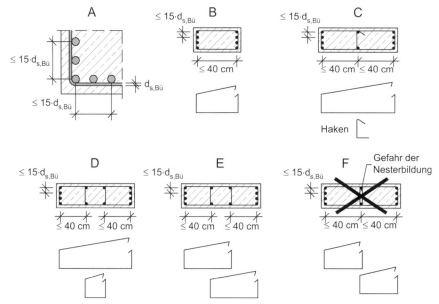

A WIRKUNGSBEREICH DES BÜGELS GEGEN AUSKNICKEN DER LÄNGSSTÄBE
B EINFACHE VERBÜGELUNG
C SICHERUNG VON LÄNGSSTÄBEN MIT HAKEN
D SICHERUNG VON LÄNGSSTÄBEN MIT ZWISCHENBÜGELN
E SICHERUNG VON LÄNGSSTÄBEN MIT GETEILTEN BÜGELN
F SICHERUNG VON LÄNGSTÄBEN – UNGEEIGNETE AUSFÜHRUNG

Hinsichtlich der Bewehrungsführung und Bemessung sind die Vorgaben der ÖNORM B 4700 [56] und der ÖNORM EN 1992-1-1 [71] zu beachten.

- Als Längsbewehrung der Stützen sind Stäbe mit einem Durchmesser von mindestens 12 mm zu verwenden. In Bereichen, deren kleinste Abmessung kleiner als 20 cm ist (Flansche von aufgelösten Querschnitten, Wandungen von Hohlquerschnitten), dürfen auch Stäbe mit $\varnothing$ 10 mm verwendet werden.

- Der Abstand gedrückter Stahleinlagen darf 40 cm, der von gezogenen Längsstäben ausmittig beanspruchter Stützen darf 25 cm nicht überschreiten. In jeder Ecke des Querschnittes ist zumindest ein Längsbewehrungsstab anzuordnen.

- Aus herstellungstechnischen Gründen wird die Längsbewehrung auch bei längeren Stützen in der Regel geschoßweise eingebracht und in Deckenhöhe mittels Übergreifungsstoß gestoßen. Dabei ist zu beachten, dass solche Stöße nur bis zu einem Stabdurchmesser von 30 mm zulässig sind. Sollten in Ausnahmefällen bei hoch belasteten Stützen größere Durchmesser notwendig werden, müssen aufwändigere Sonderformen von Stößen ausgeführt werden (z.B. Kontaktstöße etc.). Grundsätzlich sind jedenfalls zu große Stabdurchmesser zu vermeiden und ist eine gut verteilte Längsbewehrung anzustreben. Weiters ist zu beachten, dass bei Übergreifungsstößen druckbeanspruchter Stahleinlagen mit $d_s > 20$ mm Haken und ähnliche Abbiegungen unzulässig sind und die geforderte Unfallverhütung während der Herstellungsphase auf andere Weise als durch Abbiegungen sicherzustellen ist.

- Der Durchmesser der Bügel darf weder 5 mm noch $1/4$ des größten Durchmessers der Längsstäbe unterschreiten. Bei Bewehrungsbündeln gilt als Durchmesser der Längsstäbe der Durchmesser des dem Bündel flächengleichen Rundstabes.

- Der Abstand der Bügel darf weder 25 cm noch die kleinste Abmessung der Stütze noch $12 \cdot d_l$ unterschreiten. Hiebei ist d_l der kleinste Durchmesser der statisch erforderlichen Längsstäbe. Konstruktive Längsstäbe mit einem Durchmesser von höchstens 14 mm brauchen hiebei jedoch nicht berücksichtigt zu werden.

- Der Maximalabstand von $12 \cdot d_l$ ist einzuhalten, um ein Ausknicken der Bewehrungsstäbe zu verhindern. Dabei gelten jedoch nur jene Längsstäbe als gegen Ausknicken gesichert, die in Bügelecken liegen, sowie zwei weitere Stäbe je Bügelschenkel, die nicht weiter als $15 \cdot d_{s,Bü}$ vom Eckstab entfernt liegen, wenn $d_{s,Bü}$ der Durchmesser der Bügel ist. Weitere Längsstäbe mit einem Durchmesser > 14 mm sind durch Zwischenbügel oder Haken, deren Abstand das Doppelte des Bügelabstandes betragen darf, gegen Ausknicken zu sichern.

- Bei Stützen, deren größte Querschnittsabmessung ca. 45 cm nicht überschreitet, was einem Abstand der Längsstäbe von 40 cm entspricht, genügt eine einfache Verbügelung. Bei Verwendung von Bügel $\varnothing$ 8 mm (kleinster, handelsüblicher Durchmesser) sind demnach 2 Stäbe bis zu einer Entfernung vom Eckstab von $15 \cdot 0,8 = 12$ cm gegen Ausknicken gesichert. Eine zusätzliche Sicherung gegen Ausknicken der tragenden Bewehrung ist damit nur bei sehr breiten Querschnitten erforderlich.

- Zur Einhaltung des maximalen Abstandes gedrückter Längsstäbe von 40 cm sind bei größeren Querschnitten an den Seitenflächen konstruktive Längsstäbe vorzusehen, die üblicherweise mit Haken, deren Abstand das Doppelte des Bügelabstandes beträgt, gegen Ausknicken gesichert werden. Auf diese Sicherung kann bei Stäben mit einem Durchmesser von höchstens 14 mm verzichtet werden. Die dargestellte Ausführung mit 2 Bügeln zur Sicherung eines Längsstabes ist wegen der Gefahr der Nesterbildung zu vermeiden. Wenn an der Längsseite 2 Längsstäbe erforderlich sind, werden zur Sicherung dieser Längsstäbe gegen Ausknicken Zwischenbügel oder geteilte Bügel angeordnet.

- Da im Bereich des Stützenkopfes u.a. rechnerisch nicht berücksichtigte Zusatzbeanspruchungen auftreten können, ist der Abstand der Bügel unterhalb des Stützenkopfes auf einer Länge, die der größten Querschnittsabmessung der Stütze entspricht, auf das 0,6-fache der im Regelbereich gültigen Maximalwerte zu verringern.

- Bei Stützen mit Kreisquerschnitt werden zur Verbügelung Bügelwendel verwendet. Bei derartigen Stützen sind mindestens 6 Längsbewehrungsstäbe anzuordnen. Für die Berechnung sind in der Fachliteratur entsprechende Bemessungstabellen zu finden. Bei mittiger Beanspruchung der Stütze erfolgt durch die Bügelwendel eine Behinderung der Querdehnung der Stütze, die zu einer Steigerung der Tragfähigkeit führt (umschnürte Stützen). Sie kann allerdings nur bei sehr gedrungenen Stützen genutzt werden, bei denen die Tragfähigkeit nicht durch die Stabilität bestimmt wird. Die Berechnung bzw. Ausführung umschnürter Stützen ist daher auf Sonderfälle beschränkt und wird in den gültigen Normen nicht behandelt.

Abbildung 040.4-07: Bewehrung von Stützen mit Kreisquerschnitt

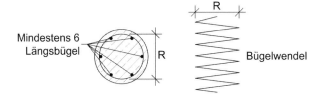

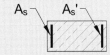

Beispiel 040.4-02: Bewehrungsplan Stahlbetonstütze mit Rechtecksquerschnitt – Teil 1

Konstruktion des Bewehrungsplanes einer Stütze mit Rechtecksquerschnitt 40/55 cm
  Baustoffe: C25/30; BSt 550
  $A_s = A_s' = 12{,}0$ cm^2

1. Als Längsbewehrung werden jeweils $4\varnothing20$ (12,64 cm^2 > 12,0 cm^2) gewählt. Der Bügeldurchmesser ergibt sich zu $d_{s,Bü}$ > 20/4 = 5 mm. Es werden Bügel $\varnothing8$ mm (kleinster handelsüblicher Durchmesser) gewählt. Der erforderliche maximale Bügelabstand beträgt bei der vorhandenen Längsbewehrung 12·2,0 = 24 cm. Dieser Wert ist kleiner als 25 cm und kleiner als die kleinste Querschnittsabmessung von 40 cm und somit maßgebend. Im Bereich des Stützenkopfes ist der Bügelabstand auf einer Länge von 55 cm auf den Wert 0,6·24 = 14 cm zu verringern. Es sind 55/14+1 = 5 BÜ $\varnothing8/14$ anzuordnen.

2. Bei einer gleichmäßigen Verteilung der Längsbewehrung über die Schmalseite ergibt sich ein Abstand der innen liegenden Stäbe vom Eckstab von ca. 32/3 $\cong$ 11 cm. Dieser Wert ist kleiner als der 15-fache Bügeldurchmesser, womit keine weitere Maßnahmen zur Knicksicherung der tragenden Längsbewehrung notwendig sind.

3. An den Längsseiten wird der maximale Abstand der Längseinlagen von 40 cm überschritten, weshalb eine zusätzliche konstruktive Längsbewehrung von $1\varnothing12$ je Längsseite anzuordnen ist. Sie wird mit Haken im Abstand von 24 cm gesichert.

4. Für die vorhandene Betongüte C25/30 und für den Verbundbereich I (stehende Stäbe) betragen die Verankerungslängen:

   $$\varnothing20 : l_{b,erf} = 89 \text{ cm}$$
   $$\varnothing12 : l_{b,erf} = 53 \text{ cm}$$

5. Unter der Annahme, dass es sich an beiden Seiten um gedrückte Stahleinlagen handelt, genügt die einfache Verankerungslänge für den Übergreifungsstoß. Auf eine Abminderung der Überdeckungslänge im Verhältnis $A_{s,vorh}/A_{s,erf}$ wird verzichtet.

6. Die Eckstäbe sind im Überdeckungsbereich zu verziehen („kröpfen"), um eine saubere Verlegung der Eisen zu ermöglichen. Das Kröpfungsmaß wird mit dem 2,5-fachen Eisendurchmesser (= 5 cm) gewählt. Bei dünneren Stäben kann auf eine Kröpfung verzichtet werden, da sich diese Stäbe elastisch verziehen lassen.

7. Gemäß ÖNORM B 4700 ist im Überdeckungsbereich im Bereich der Stabenden auf einer Länge von ca.1/3 der Überdeckungslänge eine Querbewehrung von der Hälfte der gestoßenen Stäbe anzuordnen. Die erforderliche Querbewehrung für den Stoß von $1\varnothing20$ beträgt damit 3,14/2 = 1,57 cm^2. Dieser Bewehrung wird etwa mit 3 Bügel $\varnothing8$ entsprochen, die auf eine Länge von 89/3 = 30 cm im Bereich der Stoßenden zu verteilen sind, was einem Abstand der Bügel von 15 cm entspricht. Aus praktischen Gründen wird ein Abstand der Bügel von 14 cm wie im Bereich des Stützenkopfes gewählt und über die gesamte Stoßlänge von 89 cm, zuzüglich $4d_{sl}$ = 4·2,0 = 8 cm, verteilt. Damit ergeben sich am Stützenfuß $(89+8)/14 + 1 = 7$ BÜ $\varnothing8/14$. Die Bügel werden zur Knicksicherung der Längseinlagen auch über den Bereich des Unterzuges geführt. Auf diese Maßnahme kann verzichtet werden, wenn in der Stützenachse ein weiterer Unterzug quer zu dem bei diesem Beispiel angenommenen Unterzug verläuft.

8. Um die Durchdringung der Bewehrungskörbe der Stütze und des Unterzuges zu vereinfachen, ist es zweckmäßig, die Querschnittsbreiten dieser beiden Bauteile unterschiedlich groß zu wählen, so dass die jeweils außen liegenden Eisen der beiden Bewehrungskörbe aneinander vorbeigeführt werden können und nicht in der gleichen Ebene liegen. Die Unterkante des Unterzuges wurde daher mit einem durchgehenden Linienzug dargestellt.

Beispiel 040.4-03: Bewehrungsplan Stahlbetonstütze mit Rechtecksquerschnitt – Teil 2

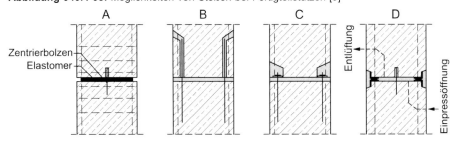

Die Ausbildung von Stößen bei Fertigteilstützen kann nach folgenden Systemen hergestellt werden:

Abbildung 040.4-08: Möglichkeiten von Stößen bei Fertigteilstützen [9]

A   WEITGEHEND GELENKIGE VERBINDUNG DURCH EINBAU VON
     ELASTOMER-LAGERN IN VERBINDUNG MIT EINEM ZENTRIERBOLZEN
B   ÜBERGREIFUNGSSTÖSSE DURCH IM STÜTZENFUSS EINBETONIERTE,
     NACHTRÄGLICH AUSGEGOSSENE HÜLLROHRE
C   VERDECKTE VERSCHRAUBUNG DER STÜTZENBEWEHRUNG
D   STAHLBAUMÄSSIGE VERBINDUNG DURCH VERSCHWEISSTE
     WINKELRAHMEN

Fertigteilstützen werden zumeist in Köcherfundamenten eingespannt, da diese Fundierungsart entsprechende Toleranzen für die Justierung bei der Montage ermöglicht und eine sofortige Einspannung sichergestellt. Bei Stützen geringer bis mittlerer Höhe können auch stumpfe Stöße ausgebildet werden.

Abbildung 040.4-09: Typische Stützenfußverankerungen von Fertigteilstützen [9]

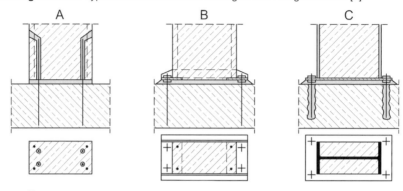

A   ÜBERGREIFUNGSSTOSS
B   FUSSPLATTENSTOSS MIT IM FUNDAMENT INTEGRIERTEN (EINBETONIERTEN)
     GEWINDESTANGEN
C   FUSSPLATTENSTOSS MIT NACHTRÄGLICH VERSETZTEN ANKERN

Der Bewehrungsgrad der Längsbewehrung darf in Stahlbetonstützen aus Ortbeton 8% nicht überschreiten. Dies gilt auch im Bereich von Übergreifungsstößen. Die Bewehrungsgrade von Stützen, die über mehrere Geschoße mit gleichem Querschnitt und gleicher Bewehrung durchlaufen, sind daher praktisch mit 4% begrenzt, sofern keine aufwändigen direkten Stöße der Längsbewehrung (Schweißen, Muffenstöße etc.) ausgeführt werden, um Übergreifungsstöße zu vermeiden. Bei der Einbringung des Betons sind wegen der naturgemäß großen Fallhöhe entsprechende Maßnahmen vorzusehen, um eine Entmischung zu vermeiden. Bei hochwertigen Bürogebäuden kann der Forderung nach möglichst guter Flächenausnutzung durch den Einsatz von hochfestem Beton oder von Stützen in Stahlbetonverbundbauweise entsprochen werden. Die Bemessung von Stahlbetonstützen ist in den ÖNORMEN der Reihe B 4700 geregelt, für Bauteile aus hochfestem Beton kann nach ÖNORM EN 1992-1-1 vorgegangen werden.

Für Fertigteilstützen, die liegend hergestellt werden, sind nach ÖNORM B 4705 geringere Mindestabmessungen und ein höherer Bewehrungsgrad der Längsbewehrung (9%) als für Stützen aus Ortbeton zulässig. Durch entsprechende Ausbildungen der Anschlüsse am Stützenfuß und am Stützenkopf können Übergreifungsstöße vermieden und somit der maximale Bewehrungsgrad der Längsbewehrung ausgenützt werden. Die werksmäßige Herstellung erleichtert auch die Verwendung von hochfestem Beton. Derartige Stützen werden nicht nur bei Hallenbauten aus Fertigteilen verwendet, sondern finden auch bei Hochbauten Anwendung. Die mögliche Ausnützung des zulässigen Längsbewehrungsgrades und die Verwendung hoher Festigkeitsklassen des Betons bzw. hochfesten Betons ermöglichen hier die oft geforderten geringen Querschnittsabmessungen der Stützen.

Die Herstellung sehr hoher, schlanker Stützen, wie sie bei Anwendung moderner, allerdings sehr aufwändiger Rechenverfahren zulässig ist, erfordert eine sehr hohe

Genauigkeit der Ausführung, um die im Interesse des Stabilitätsverhaltens eng begrenzten, maximalen Abweichungen von der plangemäß geraden Stützenachse einhalten zu können. Die Ausführung derartiger Stützen als Fertigteilstützen kann hier ebenfalls von Vorteil sein. Üblicherweise werden Stützen aus normalfestem Beton in den Festigkeitsklassen C25/30, C30/45 und C40/50 hergestellt.

Ein seit langem bekanntes, aber erst in letzter Zeit für Fertigteilstützen zur Serienreife entwickeltes Verfahren ist das Schleuderbetonverfahren, mit dem sehr hohe Betonfestigkeiten erreicht werden können. Stützen aus Schleuderbeton werden derzeit in den Betongüten C 50/60 und C 70/85 als Rundstützen mit Außendurchmessern von 20 cm bis 90 cm bzw. in quadratischer Form mit Seitenlängen von 20 cm bis 60 cm hergestellt.

Tabelle 040.4-01: Bemessungstabellen Schleuderbetonstützen [86]

Abmessung	A_c	A_s	Bemessungswert N_d bei Ersatzstablängen (lt. Statik) von					
			3 m	4 m	5 m	6 m	9 m	12 m
[cm]	[cm²]	[mm]	[kN]	[kN]	[kN]	[kN]	[kN]	[kN]
Rundstützen								
ø 20	276	8ø20	1285	685	405	285	–	–
ø 24	402	8ø30	2525	1935	1215	825	375	–
ø 30	628	12ø36	5060	5060	4215	3080	1355	–
ø 35	858	14ø40	7320	7320	7320	6070	2885	1635
ø 40	1117	16ø40	8820	8820	8820	8800	4780	2720
ø 45	1414	22ø40	11600	11600	11600	11600	7300	4100
ø 50	1745	26ø40	14050	14050	14050	14050	11100	6550
ø 55	2112	30ø40	16650	16650	16650	16650	15200	9550
ø 60	2513	22ø50	19600	19600	19600	19600	19600	14150
ø 70	3141	30ø50	25900	25900	25900	25900	25900	23750
ø 80	3770	36ø50	31350	31350	31350	31350	31350	31350
ø 90	4398	40ø50	35520	35520	35520	35520	35520	35520
Rechteckstützen								
20/20	365	4ø30	1720	1280	740	485	230	–
30/30	821	12ø40	5800	5800	5400	4350	2270	1330
40/40	1461	20ø40	10400	10400	10400	10400	6760	4050
50/50	2281	32ø40	17100	17100	17100	17100	15800	10700
60/60	3286	32ø50	26700	26700	26700	26700	26700	22700

Abbildung 040.4-10: Beispiele von Fußausbildungen – Schleuderbetonstützen [86]

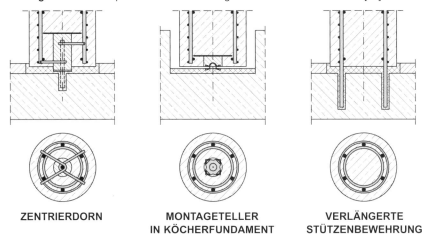

| ZENTRIERDORN | MONTAGETELLER IN KÖCHERFUNDAMENT | VERLÄNGERTE STÜTZENBEWEHRUNG |

Die Bemessung von Stahlbetonstützen erfolgt nach ÖNORM B 4700 [56] oder nach ÖNORM EN 1992-1-1 [72]. Dabei ist mit Ausnahme von gedrungenen Stützen (Schlankheit $\lambda < 25$) der Einfluss der Theorie 2. Ordnung in Abhängigkeit von der Schlankheit zu berücksichtigen. Derartige Bauteile sind als ausmittig beanspruchte Stützen zu bemessen, wobei sich die anzusetzende Ausmitte der Normalkraft aus drei Anteilen zusammensetzt.

$$e_{tot} = e_0 + e_a + e_2 \geq h/10 \hspace{3cm} (040.4\text{-}01)$$

e_0	Ausmitte nach Theorie 1. Ordnung	[cm]
e_a	Ausmitte zufolge Imperfektionen	[cm]
e_2	Einfluss der Theorie 2. Ordnung in Abhängigkeit von der Schlankheit	[cm]
h	Abmessung des Stützenquerschnitts in Richtung des Ausknickens	[cm]

Dabei ist h die Abmessung des Stützenquerschnitts in Richtung des möglichen Ausknickens. Für nähere Angaben wird auf die einschlägige Fachliteratur bzw. auf die oben genannten Normen verwiesen.

Stützen aus unbewehrtem Beton sind nach ÖNORM B 4701 [57] bzw. ÖNORM EN 1992-1-1 [72] zu bemessen und auszuführen. Auch hier wird grundsätzlich eine Bemessung als ausmittig beanspruchtes Druckglied durchgeführt, wobei jedoch der Einfluss der Theorie 2. Ordnung durch den Beiwert Φ berücksichtigt werden darf (siehe Kap. 040.3).

Beispiel 040.4-04: Bemessungswiderstand eines Wandpfeilers aus unbewehrtem Beton

Material: Beton C 20/25
Pfeilerabmessungen 25/40 cm (b = 40 cm, h_w = 25 cm)
Geschoßhöhe 3,60 m
Berechnung nach ÖNORM B 4701

1. Nach Tabelle 040.3.2: $\overline{f_{cd}} = 10{,}4 \; N/mm^2$

2. Abminderung wegen Querschnittsbreite unter 50 cm
$$red\,\overline{f_{cd}} = (0{,}7 + 0{,}6 \cdot b) \cdot \overline{f_{cd}} = (0{,}7 + 0{,}6 \cdot 0{,}4) \cdot 10{,}4 = 9{,}78 \; N/mm^2$$

3. Effektive Länge des Bauteils: $l_0 = \beta \cdot l_w = 1{,}00 \cdot 3{,}60 = 3{,}60 \; m$

4. Schlankheit: $\lambda = \dfrac{l_0}{i} = \dfrac{360}{25 \cdot 0{,}289} = 50 < 86$

5. Bei innen liegenden Pfeilern mit annähernd gleichen Stützweiten der anschließenden unterstützten Bauteile darf die Auswirkung der Einspannmomente dieser Bauteile näherungsweise vernachlässigt werden $\rightarrow e_0 = 0$

6. $$e_{tot} = e_0 + e_a = 0 + \frac{360}{400} = 0{,}90 \; cm$$

$$\Phi = 1{,}14 \cdot \left(1 - \frac{2 \cdot e_{tot}}{h_w}\right) - \frac{0{,}02 \cdot l_o}{h_w} = 1{,}14 \cdot \left(1 - \frac{2 \cdot 0{,}90}{25}\right) - \frac{0{,}02 \cdot 360}{25} = 0{,}77$$

$$\Phi \leq 1 - \frac{2 \cdot e_{tot}}{h_w} = 1 - \frac{2 \cdot 0{,}90}{25} = 0{,}93 \ldots ist \; erfüllt$$

7. $$N_{R,d} = b \cdot h_w \cdot red\,\overline{f_{cd}} \cdot \Phi = 400 \cdot 250 \cdot 9{,}78 \frac{0{,}77}{1000} = 753 \; kN$$

040.4.3 STAHL

Stützen aus Stahl (Bilder 040.4-22 bis 27) werden wegen der im Hochbau zu beachtenden Brandschutzanforderungen vor allem im Industrie- und Gewerbebau eingesetzt. Dabei können die Vorteile der Stahlbauweise genutzt werden.

- kurze Montagezeiten (hoher Vorfertigungsgrad) und dadurch rasche Nutzung der Bauwerke,
- Möglichkeit der Adaption und Erweiterung ohne hohen technischen Aufwand,
- geringe Demontagekosten,
- hohe Fertigungsgenauigkeit als Vorteil beim Einbau maschinentechnischer Ausrüstungen.

Die Aufnahme von einfachen Druckstützenlasten im Stahlbau erfolgt unter Berücksichtigung der Querschnitte sowie der bezogenen Schlankheiten und der entsprechenden Knickspannungslinien nach ÖNORM B 4300 [55], ÖNORM EN 1993-1-1 [74] bzw. DIN 18800 [34].

$$N_S \cdot \gamma_F \leq N_{R,d} = \frac{N_{R,k}}{\gamma_M} = A \cdot k_\chi \cdot \frac{f_{yk}}{\gamma_M} \qquad (040.4\text{-}02)$$

γ_F	Teilsicherheitsbeiwert für die betrachtete Einwirkung F	[–]
γ_M	Teilsicherheitsbeiwert für die Werkstoffeigenschaft (= 1,10)	[–]
k_χ	Abminderungsfaktor nach Diagramm in Formel (040.4-03)	[–]
A	Querschnittsfläche	[mm²]

$$\lambda = \frac{l_k}{i} \qquad \bar{\lambda} = \frac{\lambda}{\lambda_1} \qquad \lambda_1 = \pi \sqrt{\frac{E}{f_{yk}}} \qquad (040.4\text{-}03)$$

λ	Schlankheit	[–]
$\bar{\lambda}$	Bezogene Schlankheit	[–]
l_k	Knicklänge; entsprechend dem statischen System	[cm]
i	Trägheitsradius	[cm]

Stahl	λ_1
S 235 (St 360)	94
S 275 (St 430)	86
S 355 (St 510)	79

Eine Einteilung der Stützenquerschnitte kann grundsätzlich in „einteilige Querschnitte" und „mehrteilige Querschnitte" erfolgen, wobei nach der Art der Querschnittsform wiederum unterschieden wird in:

- offene Querschnitte,
- geschlossene Querschnitte,
- Vollquerschnitte,
- zusammengesetzte Querschnitte.

Abbildung 040.4-11: Querschnittsbeispiele von Stahlstützen

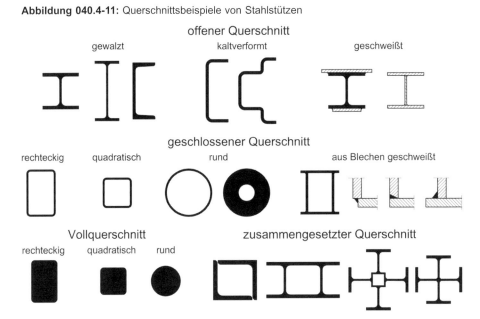

Bei der Wahl des jeweiligen Stützenquerschnittes sind neben wirtschaftlichen und konstruktiven Gesichtspunkten (Materialpreise, Fertigungskosten, Anschlüsse etc.) auch der Oberflächen- und Brandschutz sowie die architektonische Gestaltung zu berücksichtigen. Aus konstruktiven Gründen sollte bei minimaler Querschnittsfläche ein möglichst großer Trägheitsradius vorhanden sein und besonders bei überwiegend auf Druck beanspruchten Bauteilen ein symmetrischer Querschnitt (Schlankheit in beide Achsrichtungen annähernd gleich groß) vorliegen.

Eine spezielle Bedeutung kommt dem Stützenfuß zu, wo die Kräfte aus dem Stahltragwerk in der Regel auf Beton- oder Stahlbetonkonstruktionen mit einer geringeren Materialfestigkeit zu übertragen sind. Daher wird für den Stützenfuß eine lastverteilende Platte mit entsprechend hoher Steifigkeit oder Aussteifungsrippen erforderlich. Konstruktiv kann eine gelenkige oder eingespannte Ausbildung erfolgen.

Abbildung 040.4-12: Beispiele von Fußausbildungen – Stahlstützen

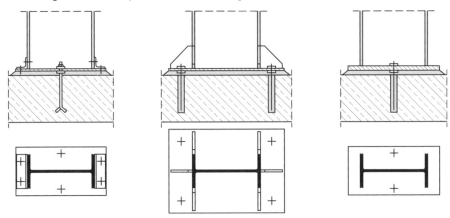

Beispiel 040.4-05: Stützenlasten einer eingespannten Stahlstütze

Ermittlung der Stützenlasten für eine eingespannte Stahlstütze:
   Länge: l = 400 cm
   Stahlprofil: IPB 300 (i_y = 13,0 cm, A = 149 cm²)
   Stahlgüte: S 235 (St 360)
   Knickspannungslinie a
   Teilsicherheitsbeiwert Einwirkung bei überwiegend Nutzlasten γ_F = 1,45
   Teilsicherheitsbeiwert Stahl: γ_M = 1,10

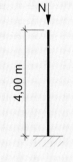

1. $\lambda = \dfrac{l_k}{i} = \dfrac{2 \cdot 400}{13,0} = 62 \quad \rightarrow \quad \bar{\lambda} = \dfrac{\lambda}{\lambda_1} = \dfrac{62}{94} = 0,66$

2. Nach dem Diagramm in Formel (040.4-03) $\boldsymbol{k_\chi = 0,51}$

3. $\boldsymbol{1{,}45 \cdot N_S \le N_{R,d} = A \cdot k_\chi \cdot \dfrac{f_{yk}}{\gamma_M}} = 149 \cdot 0{,}51 \cdot \dfrac{235 \cdot 10^{-1}}{1{,}10} = \boldsymbol{1623\ kN}$

4. Charakteristische Stützenlast: $N_{R,k} \le 1785\ kN$

5. Bemessungswert der Stützenlast: $N_{R,d} \le \dfrac{1785}{1{,}10} = 1623\ kN$

6. Zulässige Stützenlast: $N_S \le \dfrac{1623}{1{,}45} = 1119\ kN$

Die im einfachen Hallenbau häufig verwendeten Rahmensysteme können nach Tabelle 040.4-02 grob vordimensioniert werden, wobei eine anschließende genaue Bemessung unerlässlich ist.

Tabelle 040.4-02: Vordimensionierung von Stützen (und Bindern) in einfachen Hallenrahmen [15]

Rahmenkonstruktion	Spannweite L	Binder-abstand	Kran-tragkraft	Gewählte Profile	
				Stütze	Binder
	[m]	[m]	[kN]		
0-10°	10,0		–	IPE 270	IPE 240
	15,0	5,00	–	IPE 330	IPE 300
	15,0		50	IPE 400	IPE 300
	20,0		–	IPB 320	IPE 360
	20,0	6,00	50	IPB 360	IPE 360
	20,0		100	IPB 400	IPE 360
L	25,0		–	IPB 400	IPE 400
	25,0	6,25	100	IPB 400	IPE 400
H = 5,50 m	30,0		–	IPB 450	IPB 450
Dachlast = 1,25 kN/m²	30,0		100	IPB 500	IPE 450

Stützen- und Binderkonstruktion	Spannweite L	Binder-abstand	Kran-tragkraft	Gewählte Profile	
				Stütze	Binder
	[m]	[m]	[kN]		
0-10°	10,0		–	IPB 120	IPE 330
	15,0		–	IPB 120	IPE 450
	15,0		50	IPB 180	IPE 450
	20,0		–	IPB 140	IPE 600
	20,0	6,00	50	IPB 180	IPE 600
	20,0		100	IPB 240	IPE 600
L	25,0		–	IPB 160	IPB 600
	25,0		100	IPB 260	IPB 600
H = 5,50 m	30,0		–	IPB 160	IPB 800
Dachlast = 1,25 kN/m²	30,0		100	IPB 260	IPB 800

040.4.4 HOLZ

Mit der Änderung der Bauordnungen, die zunehmend die Errichtung mehrgeschoßiger Holzbauten erlauben, gewinnen auch tragende Holzelemente im Hochbau an Bedeutung. Die Holzfestigkeit unterliegt großen Schwankungen, weshalb auch Normfestlegungen nur Anhaltswerte liefern können. Nachfolgende Kennwerte und Bestimmungen sind dem ÖNORM EN 1995-1-1 (EC 5) [76] entnommen (Bilder 040.4-28 bis 30).

Holzprüfung

Bezugsklima 20°C, relative Luftfeuchtigkeit 65%, bei den Probekörpern der Grundgesamtheit müssen alle bekannten Einflussgrößen auf die Verteilung der Festigkeit und Steifigkeit – wie z.B. Wuchsgebiet, Sägewerk, Stammdicke – durch Stichproben repräsentiert sein (n ~ 40). Nach Standardprüfbedingungen beträgt die bestimmende Querschnittsabmessung für Biege- und Zugfestigkeitsprüfungen 150 mm. Es ist daher notwendig, eine Umrechnung von Prüfkörpergröße und Holzfeuchtigkeit vorzunehmen.

Festigkeitsklassen

Die 15 Festigkeitsklassen der dem EUROCODE 5 zugrunde liegenden ÖNORM EN 338 [59] umfassen zahlreiche Holzarten- und Sortierklassen für verschiedene Herkunftsarten und damit unterschiedliche Qualitätseigenschaften. Für Österreich kann für Nadelholz die Festigkeitsklasse C24 angenommen werden.

Tabelle 040.4-03: Charakteristische Kennwerte – Nadelholz nach ÖNORM EN 338 [59]

		C14	C16	C18	C20	C22	C24	C27	C30	C35	C40	C45	C50
Festigkeitseigenschaften [N/mm²]													
Biegung	$f_{m,k}$	14,0	16,0	18,0	20,0	22,0	24,0	27,0	30,0	35,0	40,0	45,0	50,0
Zug parallel	$f_{t,0,k}$	8,0	10,0	11,0	12,0	13,0	14,0	16,0	18,0	21,0	24,0	27,0	30,0
Zug rechtwinklig	$f_{t,90,k}$	0,4	0,5	0,5	0,5	0,5	0,5	0,6	0,6	0,6	0,6	0,6	0,6
Druck parallel	$f_{c,0,k}$	16,0	17,0	18,0	19,0	20,0	21,0	22,0	23,0	25,0	26,0	27,0	29,0
Druck rechtwinklig	$f_{c,90,k}$	2,0	2,2	2,2	2,3	2,4	2,5	2,6	2,7	2,8	2,9	3,1	3,2
Schub	$f_{v,k}$	1,7	1,8	2,0	2,2	2,4	2,5	2,8	3,0	3,4	3,8	3,8	3,8
Steifigkeitseigenschaften [kN/mm²]													
Mittelwert des E-Moduls parallel	$E_{0,mean}$	7,00	8,00	9,00	9,50	10,00	11,00	11,00	12,00	13,00	14,00	15,00	16,00
5 % Quantile des E-Moduls parallel	$E_{0,05}$	4,70	5,40	6,00	6,40	6,70	7,40	8,00	8,00	8,70	9,40	10,00	10,70
Mittelwert des E-Moduls rechtwinkelig	$E_{90,mean}$	0,23	0,27	0,30	0,32	0,33	0,37	0,38	0,40	0,43	0,47	0,50	0,53
Mittelwert des Schubmoduls	G_{mean}	0,44	0,50	0,56	0,59	0,63	0,69	0,72	0,75	0,81	0,88	0,94	1,00
Rohdichte [kg/m³]													
Rohdichte	ρ_k	290	310	320	330	340	350	370	380	400	420	440	460
Mittelwert der Rohdichte	ρ_{mean}	350	370	380	390	410	420	450	460	480	500	520	550
Teilsicherheitsbeiwert	γ_M						1,30						

Nutzungsklasse

Holztragwerke sind je nach zu erwartenden Holzfeuchtigkeit einer Nutzungsklasse zuzuordnen.

- Nutzungsklasse 1: Lufttemperatur 20 °C, rel. Luftfeuchte übersteigt nur wenige Wochen pro Jahr 65%.
- Nutzungsklasse 2: Lufttemperatur 20 °C, rel. Luftfeuchte übersteigt nur wenige Wochen pro Jahr 85%.
- Nutzungsklasse 3: Klimabedingungen, die zu höheren Holzfeuchten führen als in Nutzungsklasse 2 angegeben.

Für die Berücksichtigung der Nutzungsklasse und der Lasteinwirkungsdauer ist ein Modifikationsfaktor k_{mod} für f_k vorgesehen. In der Regel kann bei Hochbauten mit einem Korrekturbeiwert von k_{mod} ~ 0,9 gerechnet werden.

Tabelle 040.4-04: Modifikationsfaktoren k_{mod} für Vollholz [76]

Klasse der Lasteinwirkungsdauer	Nutzungsklasse		
	1	2	3
ständig	0,60	0,60	0,50
lang	0,70	0,70	0,55
mittel	0,80	0,80	0,65
kurz	0,90	0,90	0,70
sehr kurz	1,10	1,10	0,90

Lasteinwirkungsdauer

Hinsichtlich der Lasteinwirkungsdauer sind die Einwirkungen in fünf Klassen eingeteilt, für die eine akkumulierte Dauer der charakteristischen Lasteinwirkung angegeben ist.

Tabelle 040.4-05: Klassen der Lasteinwirkungsdauer [76]

Klasse der Lasteinwirkungsdauer	Dauer der charakteristischen Einwirkung	Beispiel
ständig	> 10 Jahre	Eigengewicht
lang	6 Monate – 10 Jahre	Nutzlasten z.B. bei Lager
mittel	1 Woche – 6 Monate	Verkehrslasten
kurz	< 1 Woche	Schnee, Wind
sehr kurz		außergewöhnl. Einwirkungen

Bauteilgröße

Die charakteristische Biege- bzw. Zugfestigkeit kann bei einer Bauteilhöhe bzw. Bauteilbreite kleiner als 150 mm mit dem Faktor k_h vergrößert werden, wobei für Biegung die Höhe und für Zug die Breite maßgebend ist.

$$k_h = \left(\frac{150}{h}\right)^{0,20} \leq 1,30 \qquad\qquad (040.4\text{-}04)$$

k_h Faktor zur Berücksichtigung der Bauteilgröße   [–]

Die Aufnahme und der Nachweis einer Stützenlast erfolgt gemäß prEN 1995-1-1 (EC5) [76] unter Berücksichtigung der Einflüsse der Nutzungsklasse und der Bauteilgröße sowie einer bezogenen Schlankheit.

$$N_S \cdot \gamma_F \leq N_{R,d} = \frac{N_{R,k}}{\gamma_M} = A \cdot k_{mod} \cdot k_\chi \cdot \frac{f_{c,0,k}}{\gamma_M} \qquad\qquad (040.4\text{-}05)$$

$N_{R,d}$	Bemessungswiderstand	[kN]
$N_{R,k}$	Charakteristischer Wert des Widerstandes	[kN]
γ_F	Teilsicherheitsbeiwert für die betrachtete Einwirkung N_S	[–]

$$\lambda = \frac{l_k}{i} \qquad \bar{\lambda} = \frac{\lambda}{\lambda_1} \qquad \lambda_1 = \pi \cdot \sqrt{\frac{E_{0,05}}{f_{c,0,k}}} = \pi \cdot \sqrt{\frac{7400}{21}} = 59 \qquad (040.4\text{-}06)$$

λ	Schlankheit	[–]
$\bar{\lambda}$	Bezogene Schlankheit	[–]
l_k	Knicklänge; entsprechend dem statischen System	[cm]
i	Trägheitsradius	[cm]

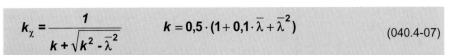

$$k_\chi = \frac{1}{k + \sqrt{k^2 - \bar\lambda^2}} \qquad k = 0,5 \cdot (1 + 0,1 \cdot \bar\lambda + \bar\lambda^2)$$

(040.4-07)

k_χ Abminderungsfaktor Schlankheit   [–]

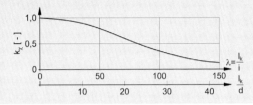

Beispiel 040.4-06: Stützenlasten einer eingespannten Holzstütze

Ermittlung der Stützenlasten für eine eingespannte Holzstütze:
        Länge: l = 300 cm
        Querschnitt: 16/22 cm, A = 352 cm²
        Festigkeitsklasse C24: $f_{c,0,k}$ = 21 N/mm²
        Teilsicherheitsbeiwert Einwirkung bei überwiegend Nutzlasten γ_F = 1,45
        Teilsicherheitsbeiwert Holz: γ_M = 1,30

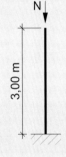

1. $\lambda = \dfrac{l_k}{i} = \dfrac{2 \cdot 300}{6,4} = 94$

2.   Nach dem Diagramm in Formel (040.4-07) $k_\chi = 0,36$

3. k_{mod} = 0,9 (kurze Einwirkungsdauer)

4. $1,45 \cdot N_S \leq N_{R,d} = A \cdot k_{mod} \cdot k_\chi \cdot \dfrac{f_{c,0,k}}{\gamma_M} =$

    $= 352 \cdot 0,9 \cdot 0,36 \cdot \dfrac{21 \cdot 10^{-1}}{1,30} = 184 \, kN$

5.   Charakteristische Stützenlast: $N_{R,k} \leq 239 \, kN$

6.   Bemessungswert der Stützenlast: $N_{R,d} \leq \dfrac{239}{1,30} = 184 \, kN$

7.   Zulässige Stützenlast: $N_{zul} \leq \dfrac{184}{1,45} = 127 \, kN$

Abbildung 040.4-13: Querschnittsformen von Holzstützen [88]

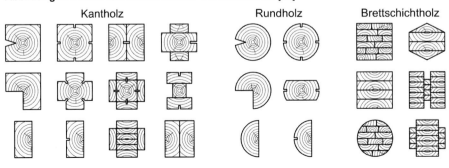

Abbildung 040.4-14: Fußpunktdetails [88]

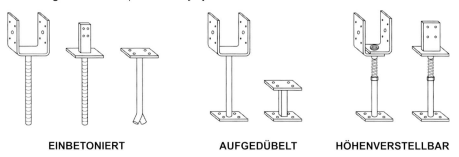

EINBETONIERT   AUFGEDÜBELT   HÖHENVERSTELLBAR

Abbildung 040.4-15: Auflagerausführungen von Holzstützen [88]

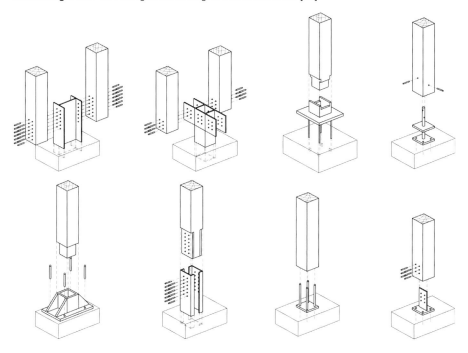

040.4.5 STAHL-BETON-VERBUND

Bei hohen Belastungen können neben Stützen aus Hochleistungsbeton auch Verbundstützen eingesetzt werden. Bei derartigen Konstruktionselementen werden die Vorteile der Stahl- und der Stahlbetonbauweise kombiniert, ohne die jeweiligen Nachteile zu übernehmen.

- Knotenausbildungen und Befestigungen an den Stützen können stahlbaumäßig durch Schweißen oder Schrauben hergestellt werden.
- Die Ausnutzung der hohen Stahlfestigkeit ermöglicht (im Vergleich zu Stahlbetonstützen) eine Verringerung der Querschnittsabmessungen.

- Durch die werksmäßige Fertigung der Stahl-Querschnittsanteile wird der Vorfertigungsanteil deutlich erhöht.

- Im Vergleich zu Stahlbetonstützen werden Steifigkeit und Duktilität maßgebend erhöht.

- Im Vergleich zu Stahlstützen wird die profilbedingte Schlankheit verringert, damit können höhere Knicklasten aufgenommen werden.

Abbildung 040.4-16 zeigt eine Übersicht derzeit gebräuchlicher Querschnittstypen bei Verbundstützen (Verbundmittel nicht dargestellt), wobei festzustellen ist, dass vorwiegend Stützen mit sichtbaren Flanschen bzw. Rundstützen mit außen liegendem Stahlmantel eingesetzt werden.

Abbildung 040.4-16: Querschnittsformen von Verbundstützen

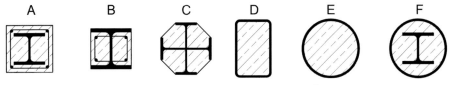

A   B   C   D   E   F

A   **EINBETONIERTES WALZPROFIL (BREITFLANSCHTRÄGER)**
B   **AUSSEN LIEGENDE FLANSCHEN MIT KONSTRUKTIVER BEWEHRUNG DES KAMMERBETONS**
C   **WIE B. FÜR ACHTECKIGE STÜTZEN**
D   **AUSBETONIERTES STAHLPROFIL**
E   **AUSBETONIERTES ROHR**
F   **AUSBETONIERTES ROHR MIT STAHLPROFIL IM KERNBETON**

Die Kombination von Deckenträgern und Verbundstützen (vor allem bei so genannten Slim-Floor-Decken) stellt ein besonders gut abgestimmtes Bausystem für kommerzielle Hochbauten dar. Die Knotenausbildungen davon werden im Band 5: „Decken" näher behandelt.

Ein genaues und ein vereinfachtes Bemessungsverfahren von Verbundstützen ist in der ÖNORM EN 1994-1-1 [75] (Eurocode 4) enthalten. Eine Vordimensionierung symmetrischer Stützenquerschnitte kann nach Errechnung des Bemessungswiderstandes N_{Rd} und nach Vergleich mit den Bemessungseinwirkungen N_{Sd} erfolgen.

$$N_{Sd} \leq N_{Rd}$$
$$N_{Rd} = \left(A_a \cdot f_{yd} + A_c \cdot \alpha_c \cdot f_{cd} + A_s \cdot f_{sd}\right) \cdot k \qquad (040.4\text{-}08)$$

$A_{a,c,s}$	Querschnittsfläche vom Stahlprofil, Beton, Bewehrung	[mm²]
f_{yd}	Bemessungswert der Streckgrenze des Stahlprofils	[N/mm²]
f_{cd}	Bemessungswert der Betondruckfestigkeit	[N/mm²]
f_{sd}	Bemessungswert der Streckgrenze des Bewehrungsstahls	[N/mm²]
α_c	für betongefüllte Hohlprofile = 0,85	
	sonst = 1,00	[–]
k	Knickbeiwert	[–]

Tabelle 040.4-06: Materialkennwerte für Verbundstützen [16]

	Beton				Baustahl		Betonstahl	
	C 20/25	C 30/37	C 40/50	C 50/60	S 235	S 355	BSt 500	BSt 550
Teilsicherheitsbeiwert γ_M [–]	1,50	1,50	1,50	1,50	1,10	1,10	1,15	1,15
Charakteristische Festigkeit f_k [N/mm²]	18,8	27,8	37,5	45,0	235	355	500	550
Bemessungsfestigkeit f_d [N/mm²]	12,5	18,5	25,0	30,0	214	323	435	478
Elastizitätsmodul E [N/mm²]	29000	32000	35000	37000	210000	210000	210000	210000

Zur Ermittlung des Knickbeiwertes *k* ist in Abhängigkeit des gewählten Querschnittes die ideelle Schlankheit des Verbundquerschnittes zu errechnen und entsprechend der Knickspannungslinie aus Tabelle 040.4-07 zu entnehmen.

$$\lambda_{id} = \frac{l_k}{i_{id}} \qquad i_{id} = \frac{\sqrt{I_a + \dfrac{I_c}{n_E} + I_s}}{\sqrt{A_a + \dfrac{A_c}{n_c} + \dfrac{A_s}{n_s}}} \qquad (040.4\text{-}09)$$

λ_{id}	Ideelle Schlankheit der Verbundstütze	[–]
l_k	Knicklänge	[cm]
$I_{a,c,s}$	Trägheitsmoment vom Stahlprofil, Betonquerschnitt, Bewehrung	[cm⁴]

	Hohlprofile				Walzprofile			
	S 235		S 355		S 235		S 355	
	n_E	n_c	n_E	n_c	n_E	n_c	n_E	n_c
C 20/25	12,2	11,8	12,2	17,8	16,3	13,8	16,3	20,9
C 30/37	11,1	7,8	11,1	11,8	14,8	9,2	14,8	13,9
C 40/50	10,1	5,9	10,1	8,9	13,5	6,9	13,5	10,4
C 50/60	9,6	4,7	9,6	7,1	12,8	5,5	12,8	8,4

Tabelle 040.4-07: Knickbeiwerte k für die Knickspannungslinien a,b,c [16]

λ	S 235			S 355			Querschnitt	Ausweichen um Achse	Knickspannungslinie
	a	b	c	a	b	c			
20	0,997	0,995	0,992	0,986	0,977	0,968	betongefüllte Hohlprofilstütze		
25	0,985	0,975	0,965	0,971	0,953	0,934			
30	0,972	0,956	0,937	0,954	0,928	0,900			
35	0,959	0,935	0,910	0,936	0,901	0,864		y-y	a
40	0,945	0,914	0,881	0,916	0,872	0,828			
45	0,929	0,891	0,852	0,893	0,841	0,789		z-z	a
50	0,912	0,867	0,821	0,866	0,806	0,750			
55	0,893	0,841	0,790	0,836	0,769	0,709			
60	0,872	0,813	0,758	0,801	0,730	0,668			
65	0,848	0,784	0,725	0,762	0,689	0,627	kammerbetonierte Profilstütze		
70	0,821	0,753	0,691	0,719	0,647	0,586			
75	0,792	0,720	0,658	0,674	0,604	0,547			
80	0,759	0,686	0,624	0,628	0,563	0,509		y-y	b
85	0,724	0,652	0,591	0,582	0,523	0,474			
90	0,688	0,617	0,558	0,539	0,486	0,440		z-z	c
95	0,650	0,583	0,527	0,498	0,451	0,410			
100	0,612	0,550	0,497	0,460	0,418	0,381			
105	0,576	0,518	0,469	0,426	0,389	0,355			
110	0,540	0,487	0,442	0,394	0,361	0,331	einbetonierte Profilstütze		
115	0,507	0,458	0,416	0,366	0,337	0,310			
120	0,475	0,431	0,393	0,340	0,314	0,290			
125	0,446	0,406	0,370	0,317	0,293	0,271		y-y	b
130	0,418	0,382	0,350	0,295	0,274	0,254			
135	0,393	0,360	0,330	0,276	0,257	0,239		z-z	c
140	0,370	0,340	0,312	0,258	0,241	0,225			
145	0,348	0,321	0,296	0,242	0,227	0,212			
150	0,328	0,303	0,280	0,228	0,214	0,200			

Beispiel 040.4-07: Stützenlasten einer eingespannten Verbundstütze

Ermittlung der Stützenlasten für eine eingespannte Verbundstütze:

Länge: l = 400 cm
Stahlprofil: IPB 300 (I_y = 18260 cm^4, iy = 13,0 cm, A = 149 cm²)
Stahlgüte: S 235 (St 360)
Betongüte: C 40/50
Betonstahl: 4ø16 = 8,04 cm²; Betonstahlgüte: BSt 550
Knickspannungslinie c
Teilsicherheitsbeiwert Einwirkung bei überwiegend Nutzlasten γ_F = 1,45
Teilsicherheitsbeiwert Stahl: γ_M = 1,10; Beton: γ_M = 1,50; Betonstahl: γ_M = 1,15
Für die Berechnung von i_{id} wird der Anteil des Betonstahls vernachlässigt.

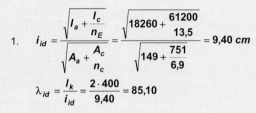 

1. $$i_{id} = \frac{\sqrt{I_a + \dfrac{I_c}{n_E}}}{\sqrt{A_a + \dfrac{A_c}{n_c}}} = \frac{\sqrt{18260 + \dfrac{61200}{13,5}}}{\sqrt{149 + \dfrac{751}{6,9}}} = 9,40 \ cm$$

$$\lambda_{id} = \frac{I_k}{i_{id}} = \frac{2 \cdot 400}{9,40} = 85,10$$

2. Nach Tabelle 040.4-07: $k = 0,591$

3. $\alpha_c = 1,00$

4. Bemessungswert der Stützenlast:
$$N_{Rd} = \left(A_a \cdot f_{yd} + A_c \cdot \alpha_c \cdot f_{cd} + A_s \cdot f_{sd}\right) \cdot k =$$
$$= \left(149 \cdot 21,4 + 751 \cdot 1,00 \cdot 2,5 + 8,04 \cdot 47,8\right) \cdot 0,591 = 3222 \ kN$$

5. Zulässige Stützenlast: $N_S \leq \dfrac{3222}{1,45} = 2222 \ kN$

Bild 040.4-01

Bild 040.4-02

Bild 040.4-01: Pfeiler aus Normalformat- und Hochlochziegel
Bild 040.4-02: Mauerwerkspfeiler

Bild 040.4-03

Bild 040.4-04

Bild 040.4-03: Mauerwerkspfeiler aus Hochlochziegel
Bild 040.4-04: Mantelbeton – Fenster- und Türaussparung

Bild 040.4-05

Bild 040.4-06

Bild 040.4-07

Bild 040.4-05: Mantelbetonstütze – Schalung
Bild 040.4-06: Mantelbetonstütze
Bild 040.4-07: Mantelbetonstütze – oberer Anschluss

Bild 040.4-08   **Bild 040.4-09**   **Bild 040.4-10**

Bild 040.4-08: Stützenübersicht mit Pilzköpfen
Bild 040.4-09: Verkleidete Stützen aus Hochleistungsbeton
Bild 040.4-10: Eingangsportal – gestaltet mit Stützen

Bild 040.4-11   **Bild 040.4-12**

Bild 040.4-11: Schalung einer Stützengruppe
Bild 040.4-12: Stahlbetonstützen

Bild 040.4-13   **Bild 040.4-14**

Bild 040.4-13: Stützen in Fertigteilbauweise
Bild 040.4-14: Schleuderbetonstützen vor der Montage

Bild 040.4-15

Bild 040.4-16

Bild 040.4-15: Stützenschalung mit Kartonrohren
Bild 040.4-16: Schalungsrohre aus Karton

Bild 040.4-17

Bild 040.4-18

Bild 040.4-19

Bild 040.4-17: Rechtecksstütze – Bewehrung der Rechtecksstütze
Bild 040.4-18: Rundstütze mit Anschlussbewehrung für das nächste Geschoß
Bild 040.4-19: Mehrgeschoßige Stützen

Bild 040.4-20

Bild 040.4-21

Bild 040.4-20: Randstützen mit Flachpilzen
Bild 040.4-21: Rundstützenanordnung

Bild 040.4-22   **Bild 040.4-23**   **Bild 040.4-24**

Bild 040.4-22: Vordach mit Rundstützen aus Stahl
Bild 040.4-23: Stahl-Rundstützen
Bild 040.4-24: Stahlstützen – I-Träger

Bild 040.4-25   **Bild 040.4-26**   **Bild 040.4-27**

Bilder 040.4-25 bis 27: Fußpunktdetails zu den Bildern 040.4-22 bis 24

Bild 040.4-28   **Bild 040.4-29**   **Bild 040.4-30**

Bild 040.4-28: Bürogebäude – bereichsweise auf Holzstützen gebettet
Bild 040.4-29: Holzstütze
Bild 040.4-30: Sporthalle mit Holzstützen

SpringerTechnik

Anton Pech, Christian Pöhn

Bauphysik

Unter Mitarbeit von Franz Kalwoda.

2004. X, 159 Seiten. Zahlreiche, zum Teil farbige Abbildungen.

Gebunden **EUR 24,–**, sFr 41,–

ISBN 3-211-21496-8

Baukonstruktionen, Band 1

Ein klassischer Kurs über die Gegenstände der Bauphysik:
Wärmeschutz – Schallschutz – Brandschutz – ergänzt durch zahlreiche
Beispiele, Bilder und Tabellen.
Das Buch bietet einen Überblick zum derzeitigen Stand der Bauphysik,
dargestellt auf den normativen Grundlagen an der Schwelle von natio-
naler Normung zu europäischer Normung. Dabei werden in formaler
Art und Weise die relevanten Inhalte der Bauproduktenrichtlinie und
folgender Richtlinien der EU bzw. ebenso wie nationale Regelungen
erwähnt.
Die im Band angeführten Beispiele werden mehrheitlich als Grundlage
für weiterführende Bauteilbeschreibungen in den Folgebänden der
Reihe verwendet und ermöglichen somit eine besonders umfassende
Betrachtungsweise.

 SpringerWienNewYork

P.O. Box 89, Sachsenplatz 4–6, 1201 Wien, Österreich, Fax +43.1.330 24 26, books@springer.at, **springer.at**
Haberstraße 7, 69126 Heidelberg, Deutschland, Fax +49.6221.345-4229, SDC-bookorder@springer-sbm.com
P.O. Box 2485, Secaucus, NJ 07096-2485, USA, Fax +1.201.348-4505, orders@springer-ny.com, springeronline.com
Eastern Book Service, 3–13, Hongo 3-chome, Bunkyo-ku, Tokyo 113, Japan, Fax +81.3.38 18 08 64, orders@svt-ebs.co.jp
Preisänderungen und Irrtümer vorbehalten.

BAUKONSTRUKTIONEN
Neue Reihe in 17 Bänden

Das komplette Wissen zum Hochbau
Lehrbuch und Nachschlagewerk in einem

Die Lehrbuchreihe **Baukonstruktionen** stellt mit ihren 17 Bänden eine Zusammenfassung des derzeitigen technischen Wissens über die Errichtung von Bauwerken im Hochbau dar.

Didaktisch gegliedert, orientieren sich die Autoren an den Bedürfnissen der Studenten und bieten raschen Zugriff sowie schnelle Verwertbarkeit des Inhalts. Ein Vorteil, der auch jungen Professionals gefallen wird.

In einfachen Zusammenhängen werden komplexe Bereiche des Bauwesens dargestellt. Faustformeln, Pläne, Skizzen und Bilder veranschaulichen Prinzipien und Details.

Ergänzend zu den Basisbänden sind weitere Vertiefungs- und Sonderbände für spezielle Anwendungen geplant und in Vorbereitung.

040.5 HOLZWÄNDE

Holz als Baustoff für Wände hat eine historische Tradition, wobei immer auf eine dem Material entsprechende Verwendung – im Besonderen in Bereichen mit erhöhter Feuchtigkeit – zu achten ist. Die maßgebenden und charakteristischen Kennwerte von Bauholz sind in Kap. 040.4.4 zusammengefasst und detaillierte Berechnungen im Bd. 7: Dachstühle enthalten.

040.5.1 HOLZBAUWEISEN

Das moderne Bauen mit Holz förderte die Entwicklung von neuen, wirtschaftlichen Bauweisen. Standardisierte Bauelemente können leicht vorgefertigt und vor Ort montiert werden. Diese neuen Bauweisen stellen eine wirtschaftliche Alternative zum traditionell-handwerklich gefertigten Holzbau dar. In Mitteleuropa entwickelte sich dabei aus dem *Fachwerksbau* zunächst der *Holzständerbau*, dann der *Holzskelettbau* und der *Holzrahmenbau*. Parallel dazu blieben auch die *Massivholzbauweisen* mit dem *Holzblockbau* bestehen (Bilder 040.5-01 bis 14).

Angesichts ökologischer und kostenbewusster Überlegungen kristallisiert sich für den modernen Geschoßbau eine Variante des Holzrahmenbaus, der *Holztafelbau*, mit einem höchstmöglichen Maß an Vorfertigung und automatisiertem Bauen heraus.

Abbildung 040.5-01: Holzbauweisen

FACHWERKSBAU   **SKELETTBAU**   **RAHMENBAU**   **BLOCKBAU**

Neben den reinen Holzbauweisen gewinnen Verbundkonstruktionen, als *Mischbauweisen* bezeichnet, immer mehr an Bedeutung. Holz-Beton-Verbunddecken, Kombinationen von Massiv- und Leichtbau, aber auch moderne Holz-Glas-Konstruktionen stellen interessante Lösungen dar, bei welchen die Vorteile der verschiedenen Materialien voll miteinander kombiniert werden können.

040.5.1.1 FACHWERKSBAU

Beim historischen Fachwerksbau, bestehend aus waagrechten Schwellen (die zum Teil auf Sockeln aus Mauerwerk aufgelagert wurden), senkrechten Stielen (Pfosten, Ständern, Stützen, Säulen) und darüber waagrechten Rahmen (Rahmen) sowie schräg liegenden Streben, ergibt sich durch die dreiecksförmige Auflösung einzelner Wandbereich eine Stabilisierung in Wandlängsrichtung. Die eigentliche Wandbildung erfolgte durch Ausmauerung oder Verkleidung der tragenden Konstruktion.

040.5.1.2 SKELETTBAU

Als unmittelbare Weiterentwicklung der Fachwerksbauweise ist die Holzskelettbauweise ebenso eine Konstruktionsweise, bei der lastabtragende Bauteile von den raumabschließenden Wandelementen getrennt sind. Mit ausgereiften Produkten wie Brettschichtholz und hochbelastbaren Verbindungsmitteln erzielt man heute jedoch beeindruckend feingliedrige Holzskelette. Die Konstruktion ist eine im Raster errichtete räumliche Tragstruktur aus stabförmigen Elementen. Die Struktur von Skelett-bauten und ihr Raster beruhen auf einem Grundmodul, der das bestimmende Maß für die Standardisierung der Bauteile, aber auch ihrer Stellung im Bauwerk darstellt. Die Haupttragstruktur besteht aus ein- oder mehrteiligen Stützen und Trägern. Wie erwähnt kommt oftmals auch Brettschichtholz zum Einsatz. Die Aussteifung der Gebäude erfolgt über Scheibenausbildung in Wand-, Decken- oder Dachebenen. Verbände, Rahmen, eingespannte Stützen oder massive Kerne bilden andere Mög-lichkeiten zur Aussteifung der Gebäude.

Die Gebäudehülle wird, getrennt von der Tragstruktur, meist außen um das Gebäude geführt. Eine Möglichkeit bieten vorgefertigte Tafelelemente in Rahmenbauweise oder in anderen Fertigungsmethoden, die außen das Traggerüst einkleiden und es innen sichtbar lassen. Als Verbindungsmittel für die Bauteile werden häufig Stahlteile eingesetzt. Der Skelettbau stellt für unterschiedlichste Funktionen eine geeignete Lösung dar, lässt sich aber auch besonders gut für Wohnbauten nutzen, da Wände unbelastet bleiben und so die Grundrissanordnung weitgehend frei gewählt werden kann. Im Gegensatz zu anderen Systemen erlaubt die Skelettbauweise große Fensterflächen und eine großzügige Gestaltung der Innenräume. Aufgrund dieser Variabilität und Flexibilität ist die Skelettbauweise im Wohnbau sehr beliebt.

040.5.1.3 RAHMENBAUWEISE, RIPPENBAUWEISE

Die am meisten verbreitete Bauweise für Holzrahmenbauten ist der Kategorie der Ständerbauten zuzuzählen und ist die Stockwerkbauweise. Wände und Decken eines Geschosses dienen hier als Montageebene für das nächste Geschoß. Sie bestehen im Wesentlichen aus Rippen oder Rahmen mit beidseitiger Beplankung aus verschie-denen Plattenwerkstoffen oder diagonaler Schalung. Bei den Rippen handelt es sich üblicherweise um kleinformatige, standardisierte Vollholzrippen. Die einzelnen Bau-teile der Wände und Decken werden auf der Baustelle mit einfachen Mitteln zusam-mengefügt. Bauteile und Details können weitgehend normiert sein und sind dennoch bei Bedarf einfach zu modifizieren. Die Tafeln übernehmen neben der Aufgabe der vertikalen Lastabtragung bei tragenden Wänden auch die Weiterleitung horizontaler Einwirkungen, der Aufnahme von Installationen, der Raumtrennung sowie bauphysi-kalische Aufgaben wie Wärme-, Schall-, Brand- und Feuchtigkeitsschutz. Der Aufbau der Tafeln richtet sich nach den zu erfüllenden Aufgaben. Variationsmöglichkeiten bestehen in der Dimensionierung der Holzrippen und der Tafelgröße sowie in der Wahl der Werkstoffe. In der Regel befindet sich zwischen den Rippen ein Dämmmaterial.

Generell sind Holzrahmenbauten preiswerter zu erstellen als andere Holzbausys-teme, obwohl Arbeitsaufwand und Materialverbrauch kaum geringer sind als bei Ständer- oder Fachwerksbauten. Die einfache Verfügbarkeit der stark standardisier-ten Materialien und damit der günstigere Preis des Baumaterials dürften sich jedoch auf den Endpreis auswirken. Dazu kommen die einfache Planung und die sich wiederholenden Details bei einem hohen Maß an Gestaltungsfreiheit.

040.5.1.4 TAFELBAUWEISE

Der Aufbau der Wand- und Deckentafeln entspricht ursprünglich jenem der Holzrah-menbauweise. Der Unterschied liegt im Grad der Vorfertigung. Bei der Tafelbauweise werden die Holzrahmenelemente – nichttragende oder tragende Wand- und Decken-elemente – im Werk witterungsunabhängig vorgefertigt und können vor Ort rasch montiert werden. Man unterscheidet dabei nach Grad und Größe der Vorfertigung. Bei einem hohen Maß an Vorfertigung werden die Tafeln bereits mit fertiger Schalung oder Innenverkleidung sowie eingebauten Fenstern und Türen hergestellt.

Kleintafeln sind geschoßhoch oder höher und nur ein Rastermaß breit, Großtafeln sind ebenfalls geschoßhoch, aber raum- bis hausbreit. Die Holztafelbauweise mit tragenden Holzrahmenelementen eignet sich vor allem für jene Bauaufgaben, die kostengünstig und kurzfristig unter geringem Gewichts-, Transport- und Montageaufwand zu realisieren sind. Außerdem können derartige Bauten temporär oder auf Dauer erstellt werden. Für zeitlich befristeten Raumbedarf wurden demontierbare oder auch als Raumzellen versetzbare Pavillons für Schulen, Kindergärten, Büros, Unterkünfte usw. entwickelt. Diese Lösungen von vorgefertigten Bausystemen führten später zu der Entwicklung von vorgefertigten Wohnhäusern in ein- oder zweigeschoßiger Ausführung.

Die Serienfertigung ist eine wichtige Voraussetzung für das wirtschaftliche Bauen mit der Holztafelbauweise. Die reduzierten Baukosten und kurzen Bauzeiten einerseits und der Wunsch nach individueller Gestaltung der Behausung andererseits scheinen auf den ersten Blick starke Gegensätze zu bilden. Tatsächlich werden sich die Hersteller von Tafelbauten auf die Standardisierung von Bauelementen beschränken, die durch zahlreiche unterschiedliche Kombinationsmöglichkeiten eine differenziertere Planung und verschiedenste Nutzungsbereiche zulassen.

040.5.1.5 MASSIVHOLZBAUWEISE

Die Entwicklung der Massivholzbauweise und des Holzblockbaues hängt eng mit der Erfindung von Werkzeugen zur Holzbearbeitung – Axt, Beil und schließlich Säge – und dem damit verbundenen Grad des handwerklichen Könnens zusammen. Während früher die Wände aus grob bearbeiteten Rundhölzern bestanden, stehen heute mehrfach profilierte und an den Ecken passgenaue Blockbalken in Verwendung. Die Dichtheit und Standfestigkeit von Blockwänden ist den heutigen Anforderungen an Wohngebäude vollauf angepasst.

040.5.1.6 MISCHBAUWEISEN

Durch die Kombination von Holz mit anderen Materialien können die Vorzüge des Holzbaus mit denen anderer Bauweisen kombiniert werden. Einzelne Wandteile in Massivbauweise können beispielsweise die Speichermassen erhöhen. Im Winter speichern sie die Heizwärme und geben sie zeitverzögert an den Raum ab, im Sommer können sie bei geöffneten Fenstern die Kühle der Nacht speichern und auf diese Weise untertags kühlend wirken. Das heißt, die massiven Bauteile werden zur natürlichen Klimatisierung herangezogen, und das Holz gleicht Feuchtigkeitsdifferenzen über die Zeit aus. Auf der anderen Seite steht die gute Wärmedämmfähigkeit des Baustoffes Holz – sie hilft Energie sparen bei gleichzeitig geringen Konstruktionsstärken (Bilder 040.5-39 bis 40).

040.5.2 MASSIVHOLZWÄNDE

Resultierend aus der Massivholzbauweise ergeben sich für Blockwände unterschiedliche Ausführungsarten, die sich einerseits hinsichtlich der konstruktiven Verbindung der Hölzer und andererseits durch ihren Schichtaufbau unterscheiden. Je nach Anforderung an den Wärme- und Schallschutz ist die Ausführung von einschichtigen oder auch mehrschichtigen Wänden möglich. Die Dicke der Wandkonstruktion hängt dabei von den statischen und bauphysikalischen Erfordernissen ab (Bilder 040.5-11 bis 30).

Abbildung 040.5-02: Konstruktionsformen von Massivholzwänden

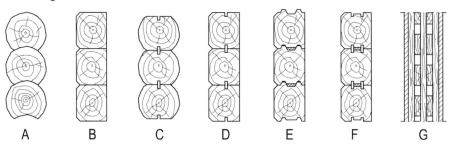

A   B   C   D   E   F   G

A   RUNDHÖLZER
B   KANTHÖLZER
C   RUNDHÖLZER MIT EINGENUTETEN FEDERN
D   KANTHÖLZER MIT EINGENUTETEN FEDERN
E   KANTHÖLZER MIT DOPPELTRAPEZNUT
F   KANTHÖLZER MIT ZWEI EINGENUTETEN FEDERN
G   VOLLHOLZBLOCKWAND AUS VERLEIMTEN BRETTERN

Bei der Verbindung der einzelnen Hölzer ist in Verbindungsmittel und Verbindungs-
möglichkeiten in den Lagerfugen, den Eckbereichen und bei Innenwandanschlüssen
zu unterscheiden. In den Lagerfugen erfolgt die konstruktive Verbindung der einzelnen Balken durch Holz- oder Stahldübel, die in vorgebohrte Löcher eingetrieben
werden, oder aber durch eine Verschraubung. Bei den Eck- und Innenwandanschlüssen ist eine Verbindung mit Vorkopf (Verkämmungen, Überblattungen) oder ein
bündiger Abschluss (Verzinkungen, „Tiroler Schloss", Schwalbenschwanzverbände)
möglich.

Abbildung 040.5-03: Holzverbindungen für Blockwände

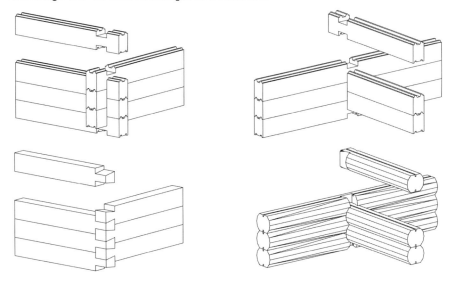

Um das äußere Erscheinungsbild der Blockwand nicht zu stören, kann die Wärmedämmung als Innendämmung oder aber auch als Kerndämmung (Doppelblockwand)
ausgeführt werden. Die Dicke der Dämmschicht richtet sich dabei nach den bauphysikalischen Anforderungen.

Abbildung 040.5-04: Gedämmte Massivholzwände

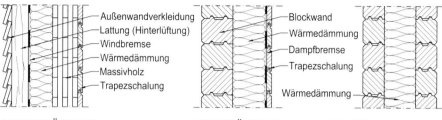

AUSSENDÄMMUNG   INNENDÄMMUNG   DOPPELBLOCKWAND

Bei der Situierung von Innendämmungen zwischen Lattenunterkonstruktionen ist rauminnenseitig eine Dampfbremse anzuordnen. Die Wandflächen werden dann mit Profilholzbrettern, Holzwerkstoff-, Gipskarton- oder Gipsfaserplatten verkleidet. Die Führung von Installationsleitungen in Außenwänden sollte immer raumseitig, d.h. zwischen der Dampfbremse und der Innenverkleidung erfolgen, da Fehlstellen in der Dampfbremse zu Kondensatbildungen und damit zu Schäden in der Tragkonstruktion führen können.

Beispiel 040.5-01: Wärme-, Schallschutz von Massivholzwänden [87]

Dicke [cm]			Schichtbezeichnung
A	B	C	
2,0	2,0	2,0	Außenwandverkleidung (Lärche)
3,0	3,0	3,0	Holzlattung (Fichte) 30/50
x	x	x	diffusionsoffene Folie ($s_d \leq 0,3$ m)
	8,0	8,0	Holzlattung (Fichte) 80/60 dazw.
	8,0	8,0	Steinwolle
	8,0	8,0	Steinwolle
12,0			Holzwollemehrschichtplatte (WW-MW-WW)
9,5	9,5	9,5	Massivholz
		4,0	Holzlattung (Fichte) 40/50 auf Schwingbügel dazw.
		5,0	Steinwolle
1,25	1,25	1,25	Gipskartonfeuerschutzplatte (GKF)

		A	B	C
U-Wert	[W/(m²K)]	0,290	0,190	0,160
R_w	[db]	57	51	51

Dicke [cm]		Schichtbezeichnung
A	B	
1,5	0,4	Putz
	14,0	Steinwolle
10,0		Holzwollemehrschichtplatte (WW-MW-WW)
9,5	9,5	Massivholz
	7,0	Holzlattung (Fichte) 50/40 auf Schwingbügel dazw.
	5,0	Steinwolle
1,25	1,25	Gipskartonfeuerschutzplatte (GKF)

		A	B
U-Wert	[W/(m²K)]	0,320	0,180
R_w	[db]	49	49

Beispiel 040.5-02: Wärme-, Schallschutz von massiven Trennwänden [87]

INNEN

Dicke [cm]	Schichtbezeichnung	U-Wert [W/(m²K)]	R$_w$ [dB]
1,25	Gipskartonfeuerschutzplatte (GKF)		
1,25	Gipskartonfeuerschutzplatte (GKF)		
9,5	Massivholz	0,840	38
1,25	Gipskartonfeuerschutzplatte (GKF)		
1,25	Gipskartonfeuerschutzplatte (GKF)		

INNEN   GRUNDRISS

INNEN

Dicke [cm]	Schichtbezeichnung	U-Wert [W/(m²K)]	R$_w$ [dB]
1,25	Gipskartonfeuerschutzplatte (GKF)		
1,25	Gipskartonfeuerschutzplatte (GKF)		
6,0	Holzlattung (Fichte) auf Schwingbügel dazw.		
7,0	Steinwolle		
9,5	Massivholz	0,250	58
7,0	Holzlattung (Fichte) auf Schwingbügel dazw.		
6,0	Steinwolle		
1,25	Gipskartonfeuerschutzplatte (GKF)		
1,25	Gipskartonfeuerschutzplatte (GKF)		

INNEN   GRUNDRISS

INNEN

Dicke [cm]	Schichtbezeichnung	U-Wert [W/(m²K)]	R$_w$ [dB]
1,25	Gipskartonfeuerschutzplatte (GKF)		
1,25	Gipskartonfeuerschutzplatte (GKF)		
9,5	Massivholz		
6,0	Trittschalldämmung MW-T	0,280	61
9,5	Massivholz		
1,25	Gipskartonfeuerschutzplatte (GKF)		
1,25	Gipskartonfeuerschutzplatte (GKF)		

INNEN   GRUNDRISS

Der Standsicherheitsnachweis einer Blockwand kann nach den drei Hauptbeanspruchungen – unter Berücksichtigung der maßgebenden Einwirkungen – im Allgemeinen getrennt voneinander erfolgen.

- *Vertikale Krafteinwirkung:* Diese ergibt sich aus dem Eigengewicht der Bauteile sowie den Nutz- und Verkehrslasten. Der Nachweis ist im Regelfall für die Pressung quer zur Faser unter Berücksichtigung von Fehlstellen zu führen.

- *Horizontale Krafteinwirkung normal zu Wandebene:* Die Kräfte resultieren aus dem Winddruck bzw. Windsog und sind über Biegung der einzelnen Balken aufzunehmen.

- *Horizontale Belastung in Wandebene:* Diese ergibt sich sowohl aus der aussteifenden Wirkung der Wand zufolge Windbeanspruchung auf andere Wände wie zufolge Erdbebenkräften. Für die Ableitung dieser Kräfte in Wandlängsrichtung ist die Art der Verspannung der Blockwand mit dem Unterbau von Bedeutung. Ohne Verspannung ist ein Kippnachweis mit einer maximalen Exzentrizität von l/3 zu führen, mit Verspannung soll die resultierende Vertikalkraft an der Wandoberkante innerhalb des Wandkernes liegen und sich der „maßgebende Wandquerschnitt" nur bis zu seinem Schwerpunkt öffnen.

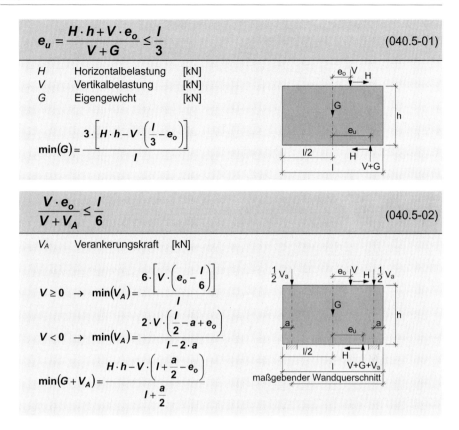

$$e_u = \frac{H \cdot h + V \cdot e_o}{V + G} \leq \frac{l}{3} \qquad (040.5\text{-}01)$$

H	Horizontalbelastung	[kN]
V	Vertikalbelastung	[kN]
G	Eigengewicht	[kN]

$$\min(G) = \frac{3 \cdot \left[H \cdot h - V \cdot \left(\dfrac{l}{3} - e_o \right) \right]}{l}$$

$$\frac{V \cdot e_o}{V + V_A} \leq \frac{l}{6} \qquad (040.5\text{-}02)$$

V_A Verankerungskraft   [kN]

$$V \geq 0 \quad \rightarrow \quad \min(V_A) = \frac{6 \cdot \left[V \cdot \left(e_o - \dfrac{l}{6} \right) \right]}{l}$$

$$V < 0 \quad \rightarrow \quad \min(V_A) = \frac{2 \cdot V \cdot \left(\dfrac{l}{2} - a + e_o \right)}{l - 2 \cdot a}$$

$$\min(G + V_A) = \frac{H \cdot h - V \cdot \left(l + \dfrac{a}{2} - e_o \right)}{l + \dfrac{a}{2}}$$

maßgebender Wandquerschnitt

040.5.3 AUFGELÖSTE HOLZWÄNDE

Hinsichtlich der bauphysikalischen Eigenschaften von Holzwänden ist zwischen einer massiven Tragschicht und einem aufgelösten Tragskelett zu unterscheiden. Ausgenommen die Beurteilung der lastabtragenden Eigenschaften können daher Skelettwände, Fachwerkswände, Rippen- und Rahmenwände sowie Tafelwände mit aufgelöster Tragstruktur zu einer Aufbautengruppe zusammengezogen werden. Die bautechnische Beurteilung von Fachwerkswänden mit Ziegelausfachungen ist der der Ziegelwände sehr ähnlich und wird nachfolgend nicht näher ausgeführt (Bilder 040.5-31 bis 38).

Abbildung 040.5-05: Tragstrukturen aufgelöster Holzwände

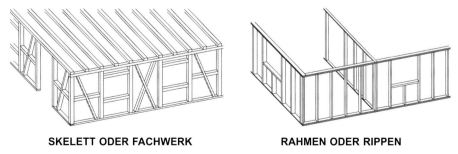

SKELETT ODER FACHWERK   **RAHMEN ODER RIPPEN**

Für die aufgelösten Bauweisen von Außenwänden existieren durch die Fülle an Kombinationsmöglichkeiten und bedingt durch unterschiedliche Anforderungen zahlreiche Standardaufbauten, die sich durch die Schichtreihenfolge und den Abstand sowie die Art der tragenden Konstruktion (Holzbalken, I-förmiger Querschnitt) unterscheiden.

Beispiel 040.5-03: Wärme-, Schallschutz von aufgelösten Holzaußenwänden [87]

AUSSEN

Dicke [cm]	Schichtbezeichnung	U-Wert [W/(m²K)]	R_w [dB]
2,0	Nut/Feder-Schalung		
2,4	Lattung (Hinterlüftung) 24/48, e = 40 cm		
	Windbremse ($s_d \leq 0,2$ m)		
1,6	Spanplatte P5		
16,0	Konstruktionsholz 80/160, e = 62,5 cm dazw.		
16,0	Mineralwolle	0,27	49
1,6	Spanplatte P4		
	PAE-Folie		
1,25	Gipskartonfeuerschutzplatte (GKF)		
1,25	Gipskartonfeuerschutzplatte (GKF)		

INNEN   GRUNDRISS

AUSSEN

Dicke [cm]	Schichtbezeichnung	U-Wert [W/(m²K)]	R_w [dB]
2,0	Lärchenstülpschalung		
4,0	Lattung (Hinterlüftung) 40/50, e = 40 cm		
	Windbremse ($s_d \leq 0,2$ m)		
1,5	Gipsfaserplatte		
16,0	Konstruktionsholz 80/160, e = 62,5 cm dazw.		
16,0	Mineralwolle	0,22	50
	Hygrodiode		
1,5	Gipsfaserplatte		
4,0	Querlattung 40/50, e = 40 cm dazw.		
4,0	Mineralwolle		
1,0	Gipsfaserplatte		

INNEN   GRUNDRISS

AUSSEN

Dicke [cm]	Schichtbezeichnung	U-Wert [W/(m²K)]	R_w [dB]
2,0	Fassaden-Dreischichtplatte		
3,0	Lattung (Hinterlüftung) 30/50, e = 40 cm		
	Windbremse ($s_d \leq 0,2$ m)		
2,0	Weichfaserdämmplatte		
16,0	Konstruktionsholz 80/160, e = 62,5 cm dazw.		
16,0	Mineralwolle	0,25	47
	Wachspapier		
1,9	OSB 4		
1,25	Gipskartonfeuerschutzplatte (GKF)		
1,25	Gipskartonfeuerschutzplatte (GKF)		

INNEN   GRUNDRISS

AUSSEN

Dicke [cm]	Schichtbezeichnung	U-Wert [W/(m²K)]	R_w [dB]
2,4	Außenschalung sägerau		
2,4	Lattung (Hinterlüftung) 24/48, e = 40 cm		
	Windbremse ($s_d \leq 0,2$ m)		
1,6	Spanplatte P5		
16,0	Konstruktionsholz 80/160, e = 62,5 cm dazw.		
16,0	Zellulosefaserdämmung		
2,5	Vollschalung	0,23	51
	Wachspapier		
4,0	Querlattung 40/50, e = 40 cm dazw.		
4,0	Zellulosefaserdämmplatte		
1,25	Gipskartonfeuerschutzplatte (GKF)		
1,25	Gipskartonfeuerschutzplatte (GKF)		

INNEN   GRUNDRISS

Beispiel 040.5-04: Wärme-, Schallschutz von aufgelösten Holzaußenwänden [87]

AUSSEN

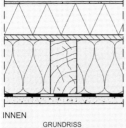

INNEN
GRUNDRISS

Dicke [cm]	Schichtbezeichnung	U-Wert [W/(m²K)]	Rw [dB]
0,4	Putz		
5,0	Polystyrol (EPS-F)		
1,6	Spanplatte P5 oder Gipsfaserplatte		
16,0	Konstruktionsholz 80/160, e = 62,5 cm dazw.	0,21	47
16,0	Mineralwolle		
	PAE-Folie		
1,8	Gipskartonfeuerschutzplatte (GKF)		

AUSSEN

INNEN
GRUNDRISS

Dicke [cm]	Schichtbezeichnung	U-Wert [W/(m²K)]	Rw [dB]
0,4	Putz		
5,0	Kork		
2,0	Vollschalung		
16,0	Konstruktionsholz 80/160, e = 62,5 cm dazw.		
16,0	Schafwolle		
2,0	Vollschalung	0,19	47
	Wachspapier		
4,0	Querlattung 40/50, e = 40 cm dazw.		
4,0	Schafwolle		
1,25	Gipskartonfeuerschutzplatte (GKF)		
1,25	Gipskartonfeuerschutzplatte (GKF)		

AUSSEN

INNEN
GRUNDRISS

Dicke [cm]	Schichtbezeichnung	U-Wert [W/(m²K)]	Rw [dB]
2,0	Putz		
5,0	Holzwolle-Dämmplatte		
16,0	Konstruktionsholz 80/160, e = 62,5 cm dazw.		
16,0	Flachs	0,23	51
	PAE-Folie		
5,0	Holzwolle-Dämmplatte		
2,0	Putz		

AUSSEN

INNEN
GRUNDRISS

Dicke [cm]	Schichtbezeichnung	U-Wert [W/(m²K)]	Rw [dB]
0,3	Putz		
12,0	Polystyrol (EPS-F)		
1,6	Spanplatte P5		
20,0	Konstruktionsholz 80/200, e = 62,5 cm dazw.	0,17	50
20,0	Mineralwolle oder Perlite-Füllung		
	PAE Folie		
1,8	Gipskartonfeuerschutzplatte (GKF)		

AUSSEN

INNEN
GRUNDRISS

Dicke [cm]	Schichtbezeichnung	U-Wert [W/(m²K)]	Rw [dB]
1,5	Sperrholz		
2,4	Lattung (Hinterlüftung) 24/48, e = 40 cm		
	Windbremse ($s_d \leq 0,2$ m)		
8,0	Querlattung 40/80, e = 62,5 cm dazw.		
8,0	Schafwolle (B2)	0,21	50
16,0	Konstruktionsholz 80/160, e = 62,5 cm dazw.		
16,0	Schafwolle (B2)		
	Villas A2		
1,5	Gipsfaserplatte		

Beispiel 040.5-05: Wärme-, Schallschutz von aufgelösten Trennwänden [87]

INNEN

GRUNDRISS

Dicke [cm]	Schichtbezeichnung	U-Wert [W/(m²K)]	Rw [dB]
1,25	Gipskartonfeuerschutzplatte (GKF)		
1,25	Gipskartonfeuerschutzplatte (GKF)		
10,0	Konstruktionsholz 50/100, e = 62,5 cm	0,33	45
10,0	Mineralwolle		
1,25	Gipskartonfeuerschutzplatte (GKF)		
1,25	Gipskartonfeuerschutzplatte (GKF)		

INNEN

GRUNDRISS

Dicke [cm]	Schichtbezeichnung	U-Wert [W/(m²K)]	Rw [dB]
1,5	Gipsfaserplatte		
1,5	Gipsfaserplatte		
4,5	Konstruktionsholz 45/45, e = 62,5 cm		
1,0	Luftraum	0,33	60
10,0	Konstruktionsholz 80/100, e = 62,5 cm		
10,0	Mineralwolle		
1,5	Gipsfaserplatte		
1,5	Gipsfaserplatte		

INNEN

GRUNDRISS

Dicke [cm]	Schichtbezeichnung	U-Wert [W/(m²K)]	Rw [dB]
1,25	Gipskartonfeuerschutzplatte (GKF)		
1,25	Gipskartonfeuerschutzplatte (GKF)		
10,0	Konstruktionsholz 50/100, e = 62,5 cm dazw.		
10,0	Mineralwolle		
1,6	Spanplatte P4		
2,0	Luftraum oder Dämmplatte	0,17	65
1,6	Spanplatte P4		
10,0	Konstruktionsholz 50/100, e = 62,5 cm dazw.		
10,0	Mineralwolle		
1,25	Gipskartonfeuerschutzplatte (GKF)		
1,25	Gipskartonfeuerschutzplatte (GKF)		

Abbildung 040.5-06: Stützeneinbindung in die Wandkonstruktion [88]

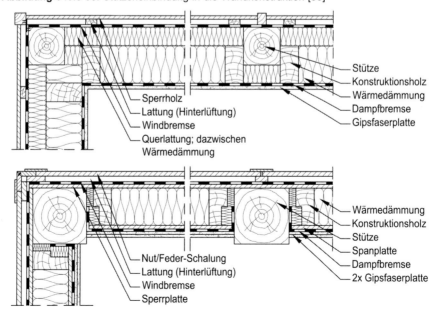

Stütze
Konstruktionsholz
Wärmedämmung
Dampfbremse
Gipsfaserplatte

Sperrholz
Lattung (Hinterlüftung)
Windbremse
Querlattung; dazwischen
Wärmedämmung

Wärmedämmung
Konstruktionsholz
Stütze
Spanplatte
Dampfbremse
2x Gipsfaserplatte

Nut/Feder-Schalung
Lattung (Hinterlüftung)
Windbremse
Sperrplatte

Bild 040.5-01

Bild 040.5-02

Bild 040.5-01: Villa aus Massivholz
Bild 040.5-02: Massivholzgebäude – teilweise auf Holzstützen gebettet

Bild 040.5-03

Bild 040.5-04

Bild 040.5-03: Wohnhausanlage
Bild 040.5-04: Tourismusbüro

Bild 040.5-05

Bild 040.5-06

Bild 040.5-07

Bild 040.5-08

Bild 040.5-09

Bild 040.5-10

Bilder 040.5-05 bis 10: Holzkonstruktionen – Objektübersicht

Bild 040.5-11

Bild 040.5-12

Bild 040.5-11: Almhütte in Blockbauweise
Bild 040.5-12: Holzblockhaus

Bild 040.5-13

Bild 040.5-14

Bild 040.5-13: Zweistöckiges Blockhaus
Bild 040.5-14: Blockhaus mit Massivkeller

Bild 040.5-15   **Bild 040.5-16**   **Bild 040.5-17**

Bild 040.5-18   **Bild 040.5-19**   **Bild 040.5-20**

Bilder 040.5-15 bis 20: Details – Eckausbildungen, Decken- und Zwischenwandeinbindung in
die Außenwand

Bild 040.5-21

Bild 040.5-22

Bild 040.5-21: Wohnhaus – Fertigteile aus Massivholz
Bild 040.5-22: Einbau eines Fertigteilelements

Bild 040.5-23

Bild 040.5-24

Bild 040.5-23: Einfamilienhaus – Massivholzfertigteilbau
Bild 040.5-24: Lagerhalle

Bild 040.5-25

Bild 040.5-26

Bild 040.5-27

Bild 040.5-28

Bild 040.5-29

Bild 040.5-30

Bilder 040.5-25 bis 30: Ausführungsdetails – Massivholz

Bild 040.5-31   **Bild 040.5-32**

Bild 040.5-31: Passivhaus
Bild 040.5-32: Einfamilienhaus in Rahmenbauweise

Bild 040.5-33   **Bild 040.5-34**   **Bild 040.5-35**

Bild 040.5-36   **Bild 040.5-37**   **Bild 040.5-38**

Bilder 040.5-33 bis 38: Ausführungsdetails – Rahmenbauweise

Bild 040.5-39   **Bild 040.5-40**

Bild 040.5-39: Mischbauweise – Holzkonstruktion und Betonkern noch getrennt
Bild 040.5-40: Mischbauweise – Wohnhaus

040.6 TRENNWÄNDE

Nichttragende Innenwände dienen nur der Raumtrennung und dürfen weder zur Ableitung von Lasten noch zur Aussteifung von Bauwerken herangezogen werden. Richtlinien für die Ausführung von nichttragenden Trennwänden findet man in den ÖNORMEN B 3358 und der DIN 4103. Üblicherweise werden aufgrund der Belastung leichte Trennwände verwendet, die bei der Lastableitung durch Berücksichtigung als Nutzlast-Zuschlag Eingang finden. Unter der Voraussetzung, dass die Zwischen- wände einschließlich Verputz, Beschichtung oder Verkleidung eine Linienlastwirkung von maximal 3,2 kN/m aufweisen, durfte – auch wenn der Aufstellungsort dieser Wände noch nicht feststand oder veränderlich sein sollte – bei Decken mit ausrei- chender Querverteilungswirkung die Last aus diesen Zwischenwänden durch einen Zuschlag zur Nutzlast gemäß ÖNORM B 4012:1997 [52] berücksichtigt werden. In der Neufassung der Normen ist in ÖNORM EN 1991-1-1:2003 [71] und ÖNORM B 1991- 1-1:2003 [71] dieser Nutzlastzuschlag in Abhängigkeit von der Linienlast der Zwi- schenwand geregelt und nicht mehr von der Nutzlast des Raumes abhängig. Schwere Trennwände sind grundsätzlich als Linienlast zu berücksichtigen.

Tabelle 040.6-01: Nutzlastzuschlag für Zwischenwände ÖNORM B 4012 [52]

Nutzlast Raum $[kN/m^2]$	Zwischenwandzuschlag $[kN/m^2]$
2,0–3,0	1,0
4,0	0,5
> 5,0	–

Tabelle 040.6-02: Nutzlastzuschlag für Zwischenwände ÖNORM EN 1991-1-1 [71]

Eigengewicht Trennwand $[kN/m]$	Zwischenwandzuschlag $[kN/m^2]$
≤ 1,0	0,5
≤ 2,0	0,8
≤ 3,0	1,2

Bei nichttragenden Trennwänden ist den Anschlüssen an angrenzende Bauteile wie aussteifende Wände und Stützen besondere Sorgfalt zu widmen, die starr, elastisch oder gleitend ausgeführt werden können. Bei Tragkonstruktionen mit zu erwartenden Verformungen sind Wandanschlüsse jedenfalls elastisch oder gleitend auszubilden. Auch im Hinblick auf den Schallschutz ist diesen Anschlussarten der Vorzug gegen- über einem starren Anschluss zu geben.

Die bauphysikalischen Anforderungen an nichttragende Innenwände sind in den Baugesetzen enthalten, wobei in Anforderungen an Trennwände zwischen Wohnun- gen und/oder Betriebseinheiten oder Scheidewände innerhalb von Wohnungen zu unterscheiden ist. Scheidewände müssen nur standfest sein, Trennwände haben auch Anforderungen an den Wärme-, Schall- und Brandschutz aufzuweisen. Gerade bei den leichten Trennwänden ist aber der Schallschutz ein gravierendes Problem. Auf verallgemeinernde Schallschutzwerte, die in manchen Fachbüchern angegeben werden, sollte man sich nicht verlassen. Bei nachträglichen Messungen nach dem Einbau kommen zusätzlich noch gebäudespezifische Fehlerquellen wie beispiels- weise Längsübertragung oder Rohrübertragung zum Tragen. Aus diesem Grund ist eben auch besonderes Augenmerk auf den Anschluss der Trennwände zu legen.

Nicht nur wegen des Schallschutzes ist der Anschluss der Trennwände an die übrigen Bauteile von Bedeutung. Durchbiegungen, Kriechen und Schwinden, besonders von weit gespannten Decken, haben oft Rissbildungen in leichten Trennwänden zur Folge, wenn diese nicht elastisch angeschlossen sind. Durch den elastischen Anschluss wird die Übertragung der Kräfte aus der Decke verhindert. Je schwerer die Trennwand ist, desto eher kann und sollte der Anschluss starr erfolgen – sowohl seitlich als auch oben und unten. Dies bedingt aber, dass die schwere Trennwand nicht auf den schwimmenden Estrich, sondern direkt auf der Rohdecke aufruhen muss.

Hinsichtlich der Unterscheidung von nichttragenden Innenwandsystemen enthält die ÖNORM B 3358-1 [42] nachfolgende Systeme, die jeweils in einzelnen Normteilen zusammengefasst sind:

- Systeme aus Ziegel,
- Systeme aus Betonsteinen aus Normal- oder Leichtbeton,
- Systeme aus Porenbeton,
- Systeme aus Gips-Wandbauplatten,
- Ständerwandsysteme mit Gipskartonplatten,
- Systeme aus Mantelbeton,
- Systeme aus Holzwolle- bzw. Holzspandämmplatten,
- Systeme in Holzbauart.

Nichttragende Innenwände müssen außer ihrer Eigenlast auch geringe statische Lasten, leichte Konsolen sowie geringfügige dynamische Belastungen (Stoßbeanspruchungen) ohne Beeinträchtigung der Gebrauchstauglichkeit aufnehmen und auf tragende Bauteile abtragen können, dürfen nicht zum Nachweis der Gebäudeaussteifung oder der Knickaussteifung tragender Wände herangezogen werden. Bei Beanspruchungen durch Windkräfte (z.B. bei Hallenbauten mit großen offen stehenden Toren) ist ein entsprechender statischer Nachweis zu führen.

Installationsschlitze oder Durchbrüche dürfen nur in einem die Gebrauchstauglichkeit und Standfestigkeit nicht beeinträchtigenden Maß ausgeführt werden. Stemmarbeiten an gemauerten Trennwänden sollten möglichst vermieden werden, einem Fräsen, Schneiden oder Bohren ist grundsätzlich der Vorzug zu geben.

Bei der Ausbildung der Anschlüsse und konstruktiven Vorgaben unterscheiden die einzelnen Teile der ÖNORM B 3358 Einbaubereiche, in denen die entsprechenden Wandsysteme ohne weitere statische Nachweise ausführbar sind, wobei die angegebenen maximalen Wandhöhen und Wandlängen eine mindestens dreiseitige Lagerung der Zwischenwand voraussetzen.

- Einbaubereich I: Bereiche mit geringen Menschenansammlungen wie z.B. Wohnungen, Hotels, Büros oder Krankenräume.

- Einbaubereich II: Bereiche mit großen Menschenansammlungen wie z.B. Versammlungsräume, Schulen, Hörsäle, Ausstellungs- und Verkaufsräume.

Tabelle 040.6-03: Zulässige Wandabmessungen nach ÖNORM-Serie B 3358

System	Einbaubereich	Wanddicke [cm]	Wandhöhe [cm]	Wandlänge [cm]
Ziegel	I	≥ 6,5	≤ 325	≤ 600
	II	≥ 10,0		
Betonstein	I	≥ 7,0	≤ 325	≤ 600
	II	≥ 10,0		
Porenbetonstein	I	≥ 8,0	≤ 325	≤ 600
	II	≥ 10,0		
Gips-Wandbauplatten	I	≥ 6,0	≤ 300	–
	II	≥ 8,0		
Ständerwandsysteme Gipskartonplatten	I	–	≤ 250	≤ 500
	II	–		≤ 450
Mantelbeton	I	≥ 12,0	≤ 325	≤ 600
	II			
Holzwolle- und Holzspandämmplatten	I	≥ 7,5	≤ 325	≤ 600
	II	≥ 10,0		

Tabelle 040.6-04: Zulässige Wandabmessungen Kalksandstein-Innenwände [3]

System ohne Auflast	Einbaubereich	Wanddicke [cm]	Wandhöhe [cm]	Wandlänge [cm]
Vierseitige Halterung	I	5,0	350	400
		7,0	450	700
		10,0	450	900
		11,5/15,0	450	1000
		17,5/20,0	600	1200
		24,0	600	1200
	II	5,0	350	250
		7,0	450	500
		10,0	450	700
		11,5/15,0	450	800
		17,5/20,0	600	1200
		24,0	600	1200
Dreiseitige Halterung	I	5,0	350	200
		7,0	450	325
		10,0	450	450
		11,5/15,0	450	500
		17,5/20,0	600	800
		24,0	600	1200
	II	5,0	350	125
		7,0	450	250
		10,0	450	350
		11,5/15,0	450	400
		17,5/20,0	600	600
		24,0	600	1200

040.6.1 MASSIVE TRENNWÄNDE

Massive Trennwände können aus Hoch- oder Langlochziegel, Gasbeton-, Leichtbeton- oder Normalbetonsteinen, Kalksandsteinen oder Gipsdielen ausgebildet werden. Für die Anschlussfuge sind elastische Materialien, z.B. Korkplatten oder Faserplatten, zu verwenden. Die Aufstellung erfolgt durch das im Vergleich zu leichten Trennwänden wesentlich höhere Wandgewicht immer auf der Rohdecke oder einem Verbundestrich. Der Trend geht aus Gründen der Zeitersparnis immer mehr zu den großformatigen Zwischenwandsteinen, da aufgrund des eingeschränkten Gewichtes das Material größere Abmessungen der Steine zulässt. Bei erforderlicher Ausführung von Vorsatzschalen zur Verbesserung des Wärme-, aber vor allem des Luftschallschutzes sind diese Schalen bis zur Rohdecke zu führen und der schwimmende Estrich elastisch anzuschließen.

Abbildung 040.6-01: Massive Trennwand – Bodenanschlüsse

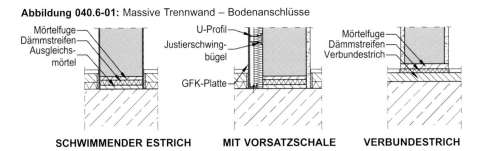

SCHWIMMENDER ESTRICH   MIT VORSATZSCHALE   VERBUNDESTRICH

Abbildung 040.6-02: Massive Trennwand – Deckenanschlüsse

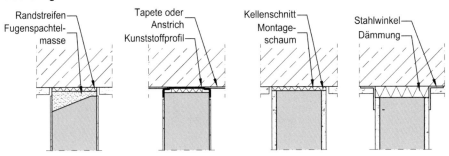

Abbildung 040.6-03: Massive Trennwand – gleitende Wandanschlüsse

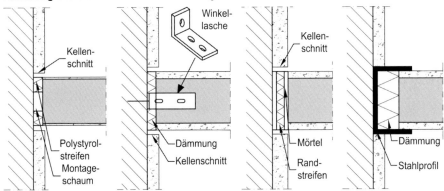

Abbildung 040.6-04: Massive Trennwand – starre Wandanschlüsse [43]

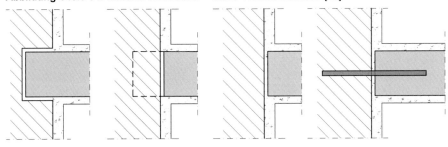

DURCH NUT   MIT VERZAHNUNG DURCH EINPUTZEN   MIT ANKER

Starre Wandanschlüsse massiver Trennwände sollten im Regelfall auf Wohnbauten und Wandlängen unter 5,0 m beschränkt bleiben. Ein starrer Anschluss ist auch bei

Verwendung von Dämmstreifen mit hoher Steifigkeit für den Deckenanschluss gegeben. Der seitliche starre Anschluss kann durch Nut, Anker, Verzahnung oder Einputzen (nur im Einbaubereich I) erfolgen.

040.6.1.1 ZIEGEL

Als Materialien können Mauerziegel (MZ), Hochlochziegel (HLZ), Langlochziegel (LLZ), Sichtziegel oder Klinker mit Regelwanddicken von:

$$6,5 \text{ cm} - 8,0 \text{ cm} - 10,0 \text{ cm} - 12,0 \text{ cm}$$

sowie ein entsprechender Mauermörtel (Normalmauermörtel und Dünnbettmörtel) angewendet werden. Hinsichtlich der Mauersteinmaterialien siehe auch Kap. 040.2 (Bilder 040.6-01 bis 07).

Abbildung 040.6-05: Ziegel für Trennwände

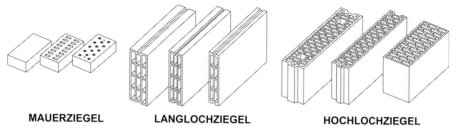

| **MAUERZIEGEL** | **LANGLOCHZIEGEL** | **HOCHLOCHZIEGEL** |

Tabelle 040.6-05: Trennwanddaten – Langlochziegel [43]

Wanddicke und Putz [cm]	Putzmörtel	Ziegelroh-dichte [kg/m³]	flächen-bezogene Masse [kg/m²]	Brand-widerstands-klasse	U-Wert [W/(m²K)]	bewertetes Schalldämm-Maß R_w [dB]
6,5+2	KZM, KM	600	80	EI 60	1,85	33
6,5+2	Gips	600	68	EI 60	1,85	31
6,5+2	KZM, KM	700	86	EI 60	2,04	34
6,5+2	Gips	700	74	EI 60	2,00	32
6,5+2	KZM, KM	600	92	EI 60	2,17	35
6,5+2	Gips	800	80	EI 60	2,13	33
8+2	KZM, KM	600	90	EI 90	1,68	35
8+2	Gips	600	78	EI 90	1,66	33
8+2	KZM, KM	700	98	EI 90	1,85	37
8+2	Gips	700	86	EI 90	1,82	35
8+2	KZM, KM	800	105	EI 90	1,98	37
8+2	Gips	800	93	EI 90	1,95	36
10+2	KZM, KM	600	104	EI 90	1,47	39
10+2	Gips	600	92	EI 90	1,45	37
10+2	KZM, KM	700	113	EI 90	1,64	40
10+2	Gips	700	101	EI 90	1,61	39
10+2	KZM, KM	800	122	EI 90	1,79	41
10+2	Gips	800	110	EI 90	1,75	40
12+2	KZM, KM	600	117	EI 90	1,32	41
12+2	Gips	600	105	EI 90	1,32	39
12+2	KZM, KM	700	129	EI 90	1,47	42
12+2	Gips	700	117	EI 90	1,45	41
12+2	KZM, KM	800	140	EI 90	1,61	43
12+2	Gips	800	128	EI 90	1,59	42

Tabelle 040.6-06: Trennwanddaten – Sichtziegel und Klinker [43]

Wanddicke [cm]	Putzmörtel	Ziegelroh-dichte [kg/m³]	flächen-bezogene Masse [kg/m²]	Brand-widerstands-klasse	U-Wert [W/(m²K)]	bewertetes Schalldämm-Maß R_w [dB]
12	–	1600	194	EI 90	2,33	48
12	–	1700	204	EI 90	2,38	49
12	–	1800	213	EI 90	2,44	49
12	–	1900	223	EI 90	2,44	50
12	–	2000	233	EI 90	2,50	50
12	–	2100	243	EI 90	2,50	51
12	–	2200	252	EI 90	2,56	51

Tabelle 040.6-07: Trennwanddaten – Mauerziegel voll oder gelocht [43]

Wanddicke und Putz [cm]	Putzmörtel	Ziegelroh-dichte [kg/m³]	flächen-bezogene Masse [kg/m²]	Brand-widerstands-klasse	U-Wert [W/(m²K)]	bewertetes Schalldämm-Maß R_w [dB]
12+2	KZM, KM	1100	185	EI 90	1,89	47
12+2	Gips	1100	173	EI 90	1,85	46
12+2	KZM, KM	1200	194	EI 90	1,96	48
12+2	Gips	1200	182	EI 90	1,92	47
12+2	KZM, KM	1300	204	EI 90	2,08	49
12+2	Gips	1300	192	EI 90	2,04	48
12+2	KZM, KM	1400	214	EI 90	2,13	50
12+2	Gips	1400	202	EI 90	2,08	49
12+2	KZM, KM	1500	224	EI 90	2,17	50
12+2	Gips	1500	212	EI 90	2,13	49
12+2	KZM, KM	1600	234	EI 90	2,24	51
12+2	Gips	1600	222	EI 90	2,17	50
12+2	KZM, KM	1700	243	EI 90	2,27	51
12+2	Gips	1700	250	EI 90	2,24	20
12+2	KZM, KM	1800	252	EI 90	2,27	52
12+2	Gips	1800	240	EI 90	2,24	51

Tabelle 040.6-08: Trennwanddaten – Hochlochziegel [43]

Wanddicke und Putz [cm]	Putzmörtel	Ziegelroh-dichte [kg/m³]	flächen-bezogene Masse [kg/m²]	Brand-widerstands-klasse	U-Wert [W/(m²K)]	bewertetes Schalldämm-Maß R_w [dB]
6,5+2	KZM, KM	800	91	EI 90	2,17	35
6,5+2	Gips	800	79	EI 90	2,13	33
6,5+2	KZM, KM	900	97	EI 90	2,29	36
6,5+2	Gips	900	85	EI 90	2,24	34
6,5+2	KZM, KM	1000	104	EI 90	2,38	37
6,5+2	Gips	1000	92	EI 90	2,34	35
8+2	KZM, KM	800	104	EI 90	1,96	37
8+2	Gips	800	92	EI 90	1,96	35
8+2	KZM, KM	900	112	EI 90	2,08	38
8+2	Gips	900	100	EI 90	2,08	37
8+2	KZM, KM	1000	119	EI 90	2,17	39
8+2	Gips	1000	107	EI 90	2,17	38
10+2	KZM, KM	800	121	EI 90	1,79	41
10+2	Gips	800	109	EI 90	1,75	40
10+2	KZM, KM	900	131	EI 90	1,89	42
10+2	Gips	900	119	EI 90	1,89	41
10+2	KZM, KM	1000	140	EI 90	2,00	43
10+2	Gips	1000	128	EI 90	1,96	42
12+2	KZM, KM	800	138	EI 90	1,61	43
12+2	Gips	800	126	EI 90	1,59	42
12+2	KZM, KM	900	149	EI 90	1,72	44
12+2	Gips	900	137	EI 90	1,69	43
12+2	KZM, KM	1000	161	EI 90	1,85	45
12+2	Gips	1000	149	EI 90	1,82	44

040.6.1.2 BETONSTEINE

Als Baustoffe können Beton-Vollsteine oder Beton-Hohlblocksteine mit Zuschlägen aus Steinsplitt, Kies, Blähton, Hüttenbims, Recyclingmaterial (z.B. Ziegelsplitt, Beton-splitt) oder Holzspäne mit Regelwanddicken von:

7,0 cm – 10,0 cm – 12,0 cm

sowie ein entsprechender Mauermörtel verwendet werden. Hinsichtlich der Mauer-steinmaterialien siehe auch Kap. 040.2.

Abbildung 040.6-06: Betonsteine für Trennwände [44]

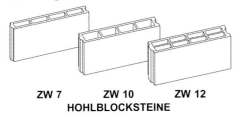

ZW 7   ZW 10   ZW 12
HOHLBLOCKSTEINE

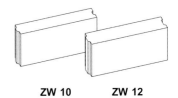

ZW 10   ZW 12
VOLLSTEINE

Tabelle 040.6-09: Trennwanddaten – Blähton-Betonsteine [44]

Steintyp	Wanddicke und Putz [cm]	Putzmörtel	flächen-bezogene Masse [kg/m²]	Brand-widerstands-klasse	U-Wert [W/(m²K)]	bewertetes Schalldämm-Maß R$_W$ [dB]
ZW7	7+2	KZM, KM	99	EI 60	2,27	38
ZW7	7+2	Gips	87	EI 60	2,22	37
ZW10	10+2	KZM, KM	109	EI 60	1,96	40
ZW10	10+2	Gips	97	EI 60	1,92	38
ZW12	12+2	KZM, KM	138	EI 60	1,92	43
ZW12	12+2	Gips	126	EI 60	1,89	42

Tabelle 040.6-10: Trennwanddaten – Leichtbetonsteine [44]

Steintyp	Wanddicke und Putz [cm]	Putzmörtel	flächen-bezogene Masse [kg/m²]	Brand-widerstands-klasse	U-Wert [W/(m²K)]	bewertetes Schalldämm-Maß R$_W$ [dB]
ZW7	7+2	KZM, KM	115	EI 60	2,44	40
ZW7	7+2	Gips	103	EI 60	2,38	39
ZW10	10+2	KZM, KM	133	EI 60	2,17	42
ZW10	10+2	Gips	121	EI 60	2,13	41
ZW12	12+2	KZM, KM	170	EI 60	2,13	46
ZW12	12+2	Gips	168	EI 60	2,13	46

Tabelle 040.6-11: Trennwanddaten – Kiesbetonsteine [44]

Steintyp	Wanddicke und Putz [cm]	Putzmörtel	flächen-bezogene Masse [kg/m²]	Brand-widerstands-klasse	U-Wert [W/(m²K)]	bewertetes Schalldämm-Maß R$_W$ [dB]
ZW7	7+2	KZM, KM	139	EI 60	2,63	43
ZW7	7+2	Gips	127	EI 60	2,63	42
ZW10	10+2	KZM, KM	157	EI 60	2,38	45
ZW10	10+2	Gips	145	EI 60	2,33	44
ZW12	12+2	KZM, KM	194	EI 60	2,44	48
ZW12	12+2	Gips	182	EI 60	2,38	47

Tabelle 040.6-12: Trennwanddaten – Leichtbetonsteine mit zementgebundenem Holzzusatz [44]

Steintyp	Wanddicke und Putz [cm]	Putzmörtel	flächen-bezogene Masse [kg/m²]	Brand-widerstands-klasse	U-Wert [W/(m²K)]	bewertetes Schalldämm-Maß R$_W$ [dB]
ZW10	10+2	KZM, KM	158	EI 60	1,96	45
ZW10	10+2	Gips	146	EI 60	1,92	44

Tabelle 040.6-13: Trennwanddaten – Blähton-Betonvollsteine [44]

Steintyp	Wanddicke und Putz [cm]	Putzmörtel	flächen-bezogene Masse [kg/m²]	Brand-widerstands-klasse	U-Wert [W/(m²K)]	bewertetes Schalldämm-Maß R$_W$ [dB]
ZW10	10+2	KZM, KM	146	EI 60	2,17	44
ZW10	10+2	Gips	134	EI 60	2,13	43
ZW12	12+2	KZM, KM	168	EI 60	2,00	46
ZW12	12+2	Gips	156	EI 60	1,96	45

040.6.1.3 PORENBETONSTEINE

Aus Porenbeton der Güteklassen P2, P4 und P6 sind Plansteine mit allseits rechtwinkeligen Flächen oder Nut-Feder-Steine (Verbundsteine) sowie Geschoßhöhe Wandelemente mit Regelwanddicken von:

$$(8,0 \text{ cm}) - \textbf{10,0 cm} - \textbf{12,5 cm} - \textbf{15 cm}$$

für die Trennwandherstellung möglich. Als Mauermörtel kommt dabei ein Normal-mauermörtel oder ein Dünnbettmörtel zum Einsatz. Hinsichtlich der Mauersteinmate-rialien siehe auch Kap. 040.2. Geschoßhohe Bauteile aus Porenbeton sind mit einer Transportbewehrung zu versehen und können entweder glatt oder mit Nut an die Nachbarelemente angeschlossen werden (Bild 040.6-08).

Abbildung 60.6-07: Porenbetonsteine für Trennwände [45]

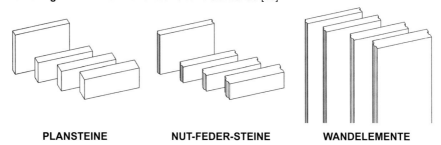

| PLANSTEINE | NUT-FEDER-STEINE | WANDELEMENTE |

Tabelle 040.6-14: Trennwanddaten – Porenbeton-Plansteine [45]

Steindicke [cm]	Putzmörtel	Wanddicke und Putz [cm]	flächen-bezogene Masse [kg/m²]	Brand-widerstands-klasse	U-Wert [W/(m²K)]	bewertetes Schalldämm-Maß R_W [dB]
10,0	Gips	10+2	106	EI 90	1,11	39
10,0	KZM, KM	10+2	94	EI 90	1,10	37
10,0	Gips	10+1	82	EI 90	1,12	36
12,5	KZM, KM	12,5+2	123	EI 90	0,95	41
12,5	Gips	12,5+2	111	EI 90	0,94	40
12,5	KZM, KM	12,5+1	99	EI 90	0,96	38
15,0	Gips	15+2	141	EI 90	0,83	43
15,0	KZM, KM	15+2	129	EI 90	0,82	42
15,0	Gips	15+1	117	EI 90	0,83	41

Tabelle 040.6-15: Trennwanddaten – Porenbeton-Nut-Feder-Steine [45]

Steindicke [cm]	Putzmörtel	Wanddicke und Putz [cm]	flächen-bezogene Masse [kg/m²]	Brand-widerstands-klasse	U-Wert [W/(m²K)]	bewertetes Schalldämm-Maß R_W [dB]
10,0	Gips	10+2	106	EI 90	1,11	39
10,0	KZM, KM	10+2	94	EI 90	1,10	37
10,0	Gips	10+1	82	EI 90	1,12	36
12,5	KZM, KM	12,5+2	123	EI 90	0,95	41
12,5	Gips	12,5+2	111	EI 90	0,94	40
12,5	KZM, KM	12,5+1	99	EI 90	0,96	38
15,0	Gips	15+2	111	EI 90	0,66	40
15,0	KZM, KM	15+2	99	EI 90	0,65	38
15,0	Gips	15+1	87	EI 90	0,66	36

Tabelle 040.6-16: Trennwanddaten – Porenbeton-Wandelemente [45]

Elementdicke [cm]	Putzmörtel	Wanddicke und Putz [cm]	flächen-bezogene Masse [kg/m²]	Brand-widerstands-klasse	U-Wert [W/(m²K)]	bewertetes Schalldämm-Maß R_W [dB]
10,0	Gips	10+0,4	88	EI 90	1,36	37
12,5	KZM, KM	12,5+0,4	109	EI 90	1,17	39
15,0	Gips	15+0,4	130	EI 90	1,02	42

040.6.1.4 KALKSANDSTEINE

Als Planungsgrundlage für nichttragende Innenwände aus Kalksandstein sind DIN 4103-1 [31] und einschlägige Fachveröffentlichungen heranzuziehen. Es kommen grundsätzlich alle Arten von Kalksandsteinen mit Regeldicken von:

7 cm – 10 cm – 11,5 cm – 15 cm – 17,5 cm – 20 cm – 24 cm

in Frage, die mit einem Normalmauermörtel oder Dünnbettmörtel mit vermörtelten Stoßfugen verarbeitet werden (Bilder 040.6-09 bis 11).

Tabelle 040.6-17: Wandgewichte von Kalksandstein-Innenwänden nach DIN 1055-1 [30]

Stein-rohdichte Klasse	Wandflächengewicht (ohne Putz) [kN/m²] für Wanddicken [cm] von						
	7	10	11,5	15	17,5	20	24
1,0	–	–	–	1,80	2,10	2,40	2,88
1,2	–	1,40	1,61	2,10	2,45	2,80	3,36
1,4	–	1,60	1,73	2,25	2,63	3,00	3,60
1,6	–	1,70	1,96	2,55	2,98	3,40	4,08
1,8	1,26	1,80	2,07	2,70	3,15	3,60	4,32
2,0	1,40	2,00	2,30	3,00	3,50	4,00	4,80

Gemäß den Anforderungen der DIN 4103-1 [31] müssen nichttragende Innenwände aus Kalksandsteinen den nachfolgenden konstruktiven Anforderungen genügen:

- Widerstand gegen statische, vorwiegend ruhende Belastung aus dem üblichen Gebrauch sowie hinsichtlich Beanspruchung durch weiche und harte Stöße.
- Abtragung der Eigenlasten einschließlich Putze und Verkleidungen sowie Ableitung der Kräfte an Wände, Decken und Stützen.
- Ermöglichung leichter Konsollasten mit maximal 0,4 kN/m in einem Abstand von bis zu 0,3 m, gemessen von der Wandoberfläche.
- Aufnahme einer horizontalen Streifenlast 0,9 m über dem Fußpunkt der Wand mit 0,5 kN/m im Einbaubereich I und 1,0 kN/m im Einbaubereich II.

Zur Erzielung des geforderten Wärmeschutzes sind Wände aus Kalksandsteinen mit einer entsprechend dimensionierten Zusatzdämmung zu versehen. Hinsichtlich des Schallschutzes kann eine Berechnung über das Flächengewicht erfolgen.

040.6.1.5 GIPSDIELEN

Innenwände aus Gips-Wandbauplatten sind so zu versetzen und zu verkleben, dass eine homogene Scheibe mit Regeldicken von:

(6 cm) – **8 cm – 10 cm – 12 cm**

entsteht. Als Materialien kommen Gips-Wandbauplatten in normaler (GW) und in leichter Ausführung (LGW) gemäß ÖNORM B 3412 [50] sowie entsprechende Klebegipse, Klebespachtelgipse oder Spachtelgipse zur Anwendung. Speziell für die Ausbildung der elastischen Anschlüsse an Decken und Wänden sind Dämmstreifen nach Tabelle 040.6-18 einzulegen (Bilder 040.6-12 bis 16).

Tabelle 040.6-18: Dämmstreifen für elastische Anschlüsse von Gips-Wandbauplatten [46]

Material	Dichte [kg/m³]
Hartschaum	30
Schalldämmvlies	70
Mooskork	200
Presskork	200
Bituminöse Weichfaserstreifen	250

Dicke im Anschlussbereich		
am Boden	an den Seiten	an der Decke
≤ 10 mm	≤ 6 mm	≤ 10 mm

Abbildung 040.6-08: Gipsbauplatten für Trennwände [46]

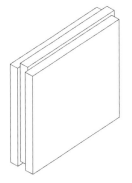 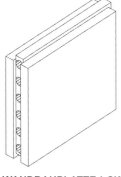 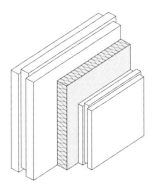

WANDBAUPLATTE GW   **WANDBAUPLATTE LGW**   **WOHNUNGSTRENNWAND**
                                                            10 cm GW + 4 cm MW + 6 cm GW

Tabelle 040.6-19: Trennwanddaten – Gips-Wandbauplatten [46]

System	Wanddicke	flächenbezogene Masse	Brand-widerstands-klasse	U-Wert	bewertetes Schalldämm-Maß R_w
	[cm]	[kg/m²]		[W/(m²K)]	[dB]
Wandbauplatte	8	72	EI 90	2,22	35
GW	10	90	EI 90	2,00	38
	12	108	EI 90	1,82	40
Wandbauplatte	10	70	EI 90	1,85	35
LGW	12	84	EI 90	1,69	38
Wohnungstrennwand	10+4+6=20	150	EI 90	0,60	59

Für die in der ÖNORM B 3358-5 [46] behandelte 20 cm dicken Wohnungstrennwand wurde die Kombination einer 10 cm und einer 6 cm dicken Gips-Wandbauplatte mit 4 cm Mineralwolle (MW) als Zwischenlage angenommen.

040.6.1.6 MANTELBETON

Trennwände aus Mantelbeton sind mehrschichtige Verbundwände die aus einer als Schalung dienenden Ummantelung aus Mantelsteinen oder Mantelbetonplatten (Holzwolle- bzw. Holzspandämmplatten) und einem Wandkern aus Normal- oder Leichtbeton bestehen. Die unverputzten Regelwanddicken betragen dabei

12 cm – 15 cm – 20 cm

wobei die Mindestdicke des Betonkernes 6 cm betragen muss und dieser mindestens der Festigkeitsklasse C 8/10 zu entsprechen hat. Der Kernbeton darf jedoch höchstens mit einer Betonfestigkeit C 25/30 in die Berechnung eingehen. Die Ausführung von nichttragenden und tragenden Wänden sowie Innen- und Außenwänden hat möglichst in einem Arbeitsgang zu erfolgen, wodurch meist nur starre Anschlüsse an andere Wände entstehen (Bilder 040.6-17 bis 21).

Abbildung 040.6-09: Mantelbetonsteine für Trennwände [48]

 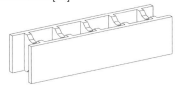

KAMMERSTEINE   **LAPPENSTEINE**

Tabelle 040.6-20: Trennwanddaten – Mantelbetonsteine [48]

System	Putzmörtel	Kernbeton-dicke [cm]	Wanddicke und Putz [cm]	flächen-bezogene Masse [kg/m²]	Brand-widerstands-klasse	U-Wert [W/(m²K)]	bewertetes Schalldämm-Maß R_w [dB]
Kammerstein	KZM, KM	9	15+2	235 bis	EI 90	1,19	51
	Gips	9	15+2	270	EI 90	1,18	51
Lappenstein	KZM, KM	9	15+2	250 bis	EI 90	1,27	51
	Gips	9	15+2	270	EI 90	1,25	51

Tabelle 040.6-21: Trennwanddaten – Mantelbetonplatten [48]

Kernbetondicke [cm]	Wanddicke und Putz [cm]	flächenbezogene Masse [kg/m²]	Brand-widerstands-klasse	U-Wert [W/(m²K)]	bewertetes Schalldämm-Maß R_w [dB]
7	15+2	217	EI 90	1,28	50
7	15+2	236	EI 90	0,95	51
8	15+2	252	EI 90	1,02	52
10	15+2	283	EI 90	1,25	53
10	20+2	315	EI 90	0,80	55
12	20+2	346	EI 90	0,92	56
13	20+2	362	EI 90	1,00	57
15	20+2	393	EI 90	1,20	58

040.6.1.7 HOLZWOLLE- UND HOLZSPANDÄMMPLATTEN

Vergleichbar mit den Mantelbetonsystemen können Trennwände auch nur aus beidseitig verputzen Holzwolle- bzw. Holzspandämmplatten bestehen und in unverputztem Zustand Wanddicken von

5 cm – 7,5 cm – 10 cm

aufweisen.

Tabelle 040.6-22: Trennwanddaten – Holzwolledämmplatten [49]

Plattendicke	Putzmörtel	Wanddicke und Putz [cm]	flächen-bezogene Masse [kg/m²]	Brand-widerstands-klasse	U-Wert [W/(m²K)]	bewertetes Schalldämm-Maß R_w [dB]
5,0	KZM, KM	5,0+1,0	53	EI 30	1,20	35
5,0	Gips	5,0+1,0	48	EI 30	1,20	35
7,5	KZM, KM	7,5+2,0	57	EI 60	0,91	38
7,5	Gips	7,5+2,0	53	EI 60	0,91	38
10,0	KZM, KM	10,0+2,0	62	EI 60	0,72	40
10,0	Gips	10,0+2,0	58	EI 60	0,72	40
5,0 + 7,5[1]	KZM, KM	15,0+2,0	73	EI 60	0,55	> 55
5,0 + 7,5[1]	Gips	15,0+2,0	69	EI 60	0,55	> 55
7,5 + 7,5[1]	KZM, KM	17,5+2,0	77	EI 60	0,48	> 55
7,5 + 7,5[1]	Gips	17,5+2,0	73	EI 60	0,48	> 55
10,0 + 7,5[1]	KZM, KM	20,0+2,0	82	EI 60	0,42	> 55
10,0 + 7,5[1]	Gips	20,0+2,0	78	EI 60	0,42	> 55

[1] Mit Mineralwollezwischenlage 25 mm

Tabelle 040.6-23: Trennwanddaten – Holzspandämmplatten [49]

Plattendicke	Putzmörtel	Wanddicke und Putz [cm]	flächen-bezogene Masse [kg/m²]	Brand-widerstands-klasse	U-Wert [W/(m²K)]	bewertetes Schalldämm-Maß R_w [dB]
5,0 + 7,5[1]	KZM, KM	15,0+2,0	102	EI 60	1,33	> 55
5,0 + 7,5[1]	Gips	15,0+2,0	90	EI 60	1,33	> 55
7,5 + 7,5[1]	KZM, KM	17,5+2,0	114	EI 60	1,55	> 55
7,5 + 7,5[1]	Gips	17,5+2,0	102	EI 60	1,55	> 55
10,0 + 7,5[1]	KZM, KM	20,0+2,0	129	EI 60	1,78	> 55
10,0 + 7,5[1]	Gips	20,0+2,0	117	EI 60	1,78	> 55

[1] Mit Mineralwollezwischenlage 25 mm

Tabelle 040.6-24: Trennwanddaten – Holzspandämmplatten (Fortsetzung) [49]

Plattendicke	Putzmörtel	Wanddicke und Putz [cm]	flächen-bezogene Masse [kg/m²]	Brand-widerstands-klasse	U-Wert [W/(m²K)]	bewertetes Schalldämm-Maß R_w [dB]
5,0 + 7,5[1]	KZM, KM	15,0+2,0	102	EI 60	1,33	> 55
5,0 + 7,5[1]	Gips	15,0+2,0	90	EI 60	1,33	> 55
7,5 + 7,5[1]	KZM, KM	17,5+2,0	114	EI 60	1,55	> 55
7,5 + 7,5[1]	Gips	17,5+2,0	102	EI 60	1,55	> 55
10,0 + 7,5[1]	KZM, KM	20,0+2,0	129	EI 60	1,78	> 55
10,0 + 7,5[1]	Gips	20,0+2,0	117	EI 60	1,78	> 55

[1]) Mit Mineralwollezwischenlage 25 mm

Als Bindemittel zwischen der Holzwolle bzw. den Holzspänen finden dabei Zement oder kaustisch gebrannter Magnesit und allenfalls auch Zusatzmittel Anwendung. Die Stoßflächen der einzelnen Platten können geradwinkelig oder genutet ausgeführt sein, als Kleber ist ein kunststoffvergüteter Zementkleber zu verwenden. Der Anschluss an Wände und Decken erfolgt üblicherweise in starrer Ausführung unter Einsatz von Klebemörteln oder PU-Schäumen.

040.6.2 LEICHTE TRENNWÄNDE

Der Anschluss einer Montagewand in Ständerbauart an lastabtragende Bauteile, bei denen mit Verformungen gerechnet werden muss (z.B. Decken), ist immer unter Berücksichtigung dieser Verformungen auszubilden (gleitender Anschluss). Gleichzeitig kann der Anschluss bei entsprechender Ausbildung auch Brandschutzaufgaben übernehmen oder eine ungehinderte Installationsführung ermöglichen. Sind keine maßgebenden Verformungen zu erwarten, die zu einer ungewollten Belastung der Trennwand führen, können die Anschlüsse auch in starrer Form erfolgen (Bilder 040.6-22 bis 28).

Abbildung 040.6-10: Deckenanschlüsse Montagewände [47]

Anschluss-abdichtung
GK-Platte
UW-Profil
CW-Profil

Anschlussabdichtung
GK-Plattenstreifen
GK-Platte
UW-Profil
CW-Profil

STARRER ANSCHLUSS   **GLEITENDE ANSCHLÜSSE**

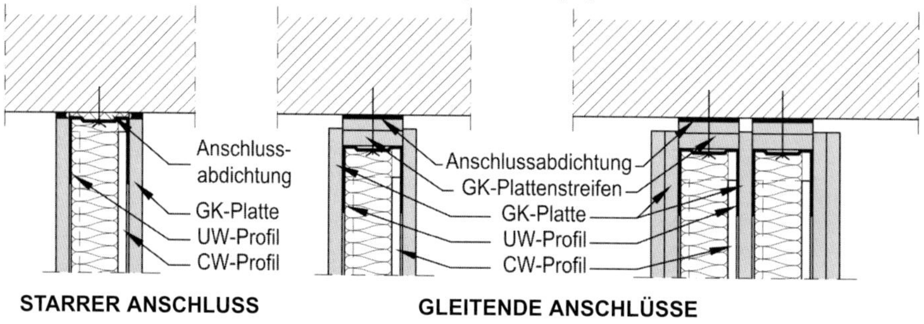

Abbildung 040.6-11: Bodenanschlüsse Montagewände [47]

Dämmstoff
Gipskartonplatte
CW-Profil
UW-Profil
Anschlussabdichtung
Befestigung

TRENNWAND   **WOHNUNGSTRENNWAND**

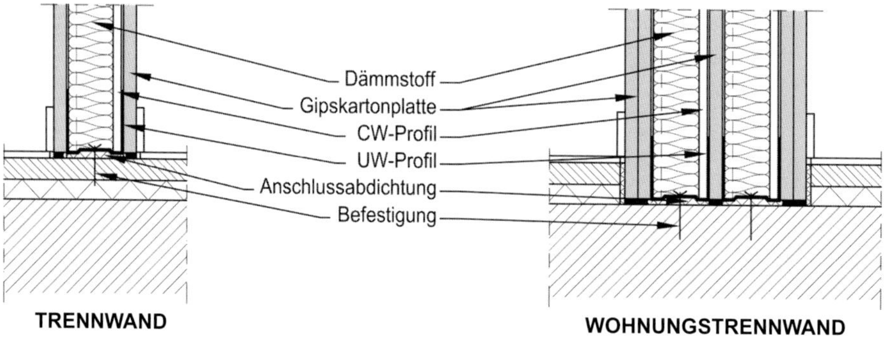

Speziell im Bodenbereich können leichte Montagewände auch direkt auf Estrichen aufgesetzt werden, der Anschluss erfolgt dann in der Regel starr. Bei Ausführung von Wohnungstrennwänden mittels Doppelständerwänden sind diese wie massive Trennwände bis auf die Rohdecke zu führen und der schwimmende Estrich elastisch anzuschließen.

Gerippe- und Montagewände bestehen aus einem Traggerippe aus Holz oder Metall, welches auf beiden Seiten mit Platten verkleidet wird, so dass möglichst alle Stöße auf Stehern oder Querhölzern zu liegen kommen. Es handelt sich dabei um zweischalige Wände mit biegeweichen Schalen mit einer trotz des geringen Gewichtes wirkungsvollen Schalldämmung. Im Hinblick auf letztere unterscheidet man zwischen Einfachwänden, an denen beide Beplankungen an einem Steher angebracht werden, und Doppelwänden, an denen die Beplankung an getrennten Unterkonstruktionen befestigt wird. Diese Maßnahme verhindert Schallbrücken und ermöglicht eine bessere Dämmung. Eine weitere schalltechnische Verbesserung erreicht man durch unterschiedlich dicke Beplankungen. Die Verkleidung (Beplankung) der Gerippe und Rahmen kann mit verschiedenen Materialien erfolgen, wie z.B. Gipsplatten, Spanplatten (gestrichen, kunststoffbeschichtet, furniert), mit Metallplatten oder Blech. Hinsichtlich der Herstellung unterscheidet man in Holzgerüstwände, die auf der Baustelle hergestellt werden, und Elementwände (Montagewände) aus vorgefertigten Systemen, deren Teile auf der Baustelle nur mehr montiert werden. Der Tabelle 040.6-25 sind die ungefähren zulässigen Wandabmessungen sowie das Schalldämmmaß R_w abhängig von der Stärke der Verkleidung (Gipskartonplatten) zu entnehmen. Die Firmen bieten auch Montagewände an, die eine Erfüllung der Anforderungen an Trennwände nach den Bauvorschriften ermöglichen. Es handelt sich dabei um Doppelständerwände mit einer zusätzlichen Beplankung in der Mitte.

Tabelle 040.6-25: Zulässige Wandabmessungen und Schalldämmmaß bei Verkleidungen

	Verkleidung	max. Höhe [m]	R_w [dB]
Holz-Einfachständerwände	2 x 12,5 mm	2,75 – 4,0	38
	4 x 12,5 mm	3,25 – 4,5	46
Holz-Doppelständerwände	2 x 12,5 mm	2,5 – 3,5	65
Metall-Einfachständerwände	2 x 15,0 mm	3,0 – 4,5	41 – 50
	4 x 12,5 mm	2,5 – 5,0	52 – 55
Metall-Doppelständerwände	4 x 12,5 mm	3,0 – 4,5	61 – 65

Abbildung 040.6-12: Anschlussdetails Einfachständerwände [47]

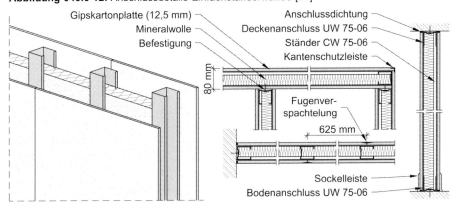

Gipskartonplatte (12,5 mm) — Mineralwolle — Befestigung — 80 mm — Anschlussdichtung — Deckenanschluss UW 75-06 — Ständer CW 75-06 — Kantenschutzleiste — Fugenverspachtelung — 625 mm — Sockelleiste — Bodenanschluss UW 75-06

Tabelle 040.6-26: Trennwanddaten – Einfachständerwände [47]

Bezeich-nung	Wand-dicke	Beplan-kung	Profil-breite	Mineral-wolle	flächen-bezogene Masse	Brandwider-standsklasse	U-Wert	bewertetes Schalldämm-Maß R_w
	[mm]	[mm]	[mm]	[mm]	[kg/m²]		[W/(m²K)]	[dB]
CW 50/75	75	12,5	50	50	25	EI 30¹)	0,63	41
CW 75/100	100	12,5	75	50	25	EI 30¹)	0,63	42
CW 100/125	125	12,5	100	50	25	EI 30¹)	0,63	43
CW 50/100	100	2 x 12,5	50	50	49	EI 90¹)	0,57	48
CW 75/125	125	2 x 12,5	75	50	49	EI 90¹)	0,57	49
CW 100/150	150	2 x 12,5	100	50	49	EI 90¹)	0,57	49

¹) Bei Verwendung von Gipskarton-Feuerschutzplatten und mindestens 5 cm Mineralwolle

Abbildung 040.6-13: Anschlussdetails Doppelständerwände [47]

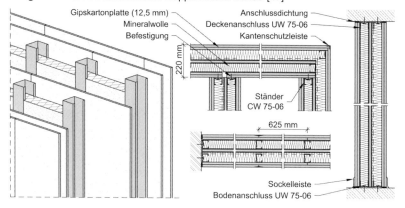

Tabelle 040.6-27: Trennwanddaten – Doppelständerwände [47]

Bezeichnung	Wand-dicke	Beplan-kung	Profil-breite	Mineral-wolle	flächen-bezogene Masse	Brandwider-standsklasse	U-Wert	bewertetes Schalldämm-Maß R_w
	[mm]	[mm]	[mm]	[mm]	[kg/m²]		[W/(m²K)]	[dB]
CW 50+50/155	155	2 x 12,5	105	1 x 50	50	EI 90	0,57	≥ 60
				1 x 80	50	EI 90	0,40	≥ 60
CW 75+75/205	205	2 x 12,5	155	1 x 50	50	EI 90	0,57	≥ 60
				1 x 80	50	EI 90	0,40	≥ 60
CW 100+100/255	255	2 x 12,5	205	1 x 50	50	EI 90	0,57	≥ 60
				1 x 80	50	EI 90	0,40	≥ 60
CW 75+75/215	215	2 x 12,5 + 12,5	165	2 x 80	62	EI 90	0,22	69

¹) Bei Verwendung von Gipskarton-Feuerschutzplatten und mindestens 5 cm Mineralwolle

Die Problematik bei Ständerwänden liegt zumeist in der Montage von Einrichtungs-gegenständen, vor allem im Sanitärbereich, aber auch bei Küchen. Aus diesem Grund haben die Hersteller eigene Montagewände entwickelt, die eine Weiterleitung der Lasten auf die tragende Konstruktion gewährleisten.

Abbildung 040.6-14: Spezielle Anschlussdetails Ständerwände [84]

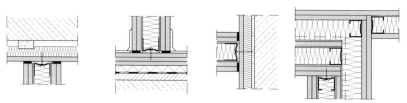

DECKENANSCHLUSS BODENANSCHLUSS   WANDANSCHLÜSSE

Abbildung 040.6-15: Montagewände im Sanitärbereich [84]

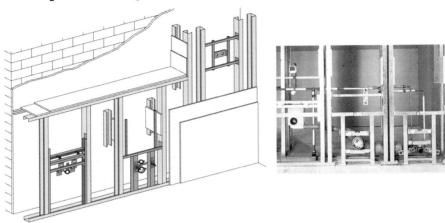

Beispiel 040.6-01: Firmenangaben zu leichten Trennwänden [84]

	Abmessungen a [mm]	b [mm]	c [mm]	Gewicht [kg/m²]	Brandschutz Stein- od. Schlackenwolle min. Rohdichte [kg/m³]	Dicke [mm]		Schallschutz R_w [dB]	Wärmeschutz U-Wert [W/(m²K)]
	50	15	80	25	40	40	EI 30	45	0,74
	75	15	105	25	40	40	EI 30	47	0,74
	100	15	130	25	40	40	EI 30	48	0,74
	50	2x12,5	100	49	40	40	EI 30		
					100	40	EI 90		
					50	60	EI 90	51	0,69
					30	80	EI 90		
		15+12,5	105		40	40	EI 90		
	75	2x12,5	125	49	40	40	EI 30		
					100	40	EI 90		
					50	60	EI 90	52	0,69
					30	80	EI 90		
		15+12,5	130		40	40	EI 90		
	100	2x12,5	150	49	40	40	EI 30		
					100	40	EI 90		
					50	60	EI 90	53	0,69
					30	80	EI 90		
		15+12,5	155		40	40	EI 90		
	105	2x12,5	155	50	40	40	EI 30		
					100	40	EI 90		
					50	60	EI 90	54	0,69
					30	80	EI 90		
		15+12,5	160		40	40	EI 90		
	155	2x12,5	205	50	40	40	EI 30		
					100	40	EI 90		
					50	60	EI 90	55	0,69
					30	80	EI 90		
		15+12,5	210		40	40	EI 90		
	205	2x12,5	255	50	40	40	EI 30		
					100	40	EI 90		
					50	60	EI 90	55	0,69
					30	80	EI 90		
		15+12,5	260		40	40	EI 90		
	165	2x12,5 b_1=12,5	215	60	–	2x50	EI 90	66	0,39

¹) mit Mineralfaserdämmstoff, d = 40 mm

Bild 040.6-01

Bild 040.6-02

Bild 040.6-01: Zwischenwandherstellung – Ausgleichsmörtel
Bild 040.6-02: Zwischenwandherstellung – ansetzen der ersten Schar

Bild 040.6-03

Bild 040.6-04

Bild 040.6-05

Bild 040.6-03: Zwischenwandherstellung – Türanschluss
Bild 040.6-04: Zwischenwandherstellung – Ziegeleinbau
Bild 040.6-05: Zwischenwandherstellung – Niveauanpassung des gesetzten Steins

Bild 040.6-06

Bild 040.6-07

Bild 040.6-06: Zwischenwand aus Hochlochziegel
Bild 040.6-07: Türöffnung in einer Ziegelwand

Bild 040.6-08   **Bild 040.6-09**

Bild 040.6-08: Porenbetonzwischenwände
Bild 040.6-09: Kalksandstein – Sichtmauerwerk

Bild 040.6-10   **Bild 040.6-11**

Bild 040.6-10: Zwischenwände im Kellerbereich aus Kalksandstein
Bild 040.6-11: Versetzen von KS-Steinen

Bild 040.6-12   **Bild 040.6-13**   **Bild 040.6-14**

Bild 040.6-12: Gipsdielen – Kaminverblendung
Bild 040.6-13: Treppengeländer aus Gips
Bild 040.6-14: Spülkasteneinbau hinter Gipsdielen

Bild 040.6-15   **Bild 040.6-16**

Bild 040.6-15: Leichte Trennwände aus Gips
Bild 040.6-16: Gipsdielen mit eingefrästen Leitungskanälen

Bild 040.6-17   **Bild 040.6-18**

Bild 040.6-17: Zwischenwände aus Mantelbetonsteinen
Bild 040.6-18: Anschluss an eine durchgehende Mantelbetonwand

Bild 040.6-19   **Bild 040.6-20**   **Bild 040.6-21**

Bild 040.6-19: Zwischenwand – Mantelbetonstein
Bild 040.6-20: Zwischenwandanschluss
Bild 040.6-21: Stumpf gestoßener Wandanschluss

Bild 040.6-22

Bild 040.6-23

Bild 040.6-22: Leichte Trennwand mit Mineralwolleeinlage
Bild 040.6-23: Trennwand mit Installationsleitungen

Bild 040.6-24

Bild 040.6-25

Bild 040.6-26

Bild 040.6-24: Metallständerwand mit Mineralwolleeinlage
Bild 040.6-25: Metallständerwand – teilweise verkleidet und verspachtelt
Bild 040.6-26: Metallständerwand – Sanitäranschlüsse

Bild 040.6-27

Bild 040.6-28

Bild 040.6-27: Metallständerwand ohne Verkleidung
Bild 040.6-28: Spülkastenmontage in Gipskartonwand

SpringerTechnik

Anton Pech, Erik Würger

Gründungen

Unter Mitarbeit von Alfred Pauser und Robert Hofmann.
2005. X, 144 Seiten. Zahlreiche, zum Teil farbige Abbildungen.
Gebunden **EUR 24,–**, sFr 41,–
ISBN 3-211-21497-6
Baukonstruktionen, Band 3

Das Buch bietet in einfacher Darstellung grundbautechnisches Know-how, das die Voraussetzung für die wirtschaftlich und konstruktiv effiziente Planung ist. Es beginnt bei der Bodenerkundung und der Darstellung von Bodenverbesserungsmethoden. In weiterer Folge werden Möglichkeiten von Flach- und Tiefgründungen erläutert, sowie Bauweisen und Baumethoden beschrieben. Besonders im städtischen Bereich ist für die fachgerechte Gründung die Kenntnis über Bauwerksunterfangungen, Baugruben und das Bauen im Grundwasser erforderlich. Dies wird im Band 3-1 (erscheint Mai 2005) besonders berücksichtigt. Zahlreiche Beispiele und Tabellen ergänzen die theoretischen Ausführungen.

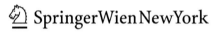
Springer Wien New York

P.O. Box 89, Sachsenplatz 4–6, 1201 Wien, Österreich, Fax +43.1.330 24 26, books@springer.at, **springer.at**
Haberstraße 7, 69126 Heidelberg, Deutschland, Fax +49.6221.345-4229, SDC-bookorder@springer-sbm.com
P.O. Box 2485, Secaucus, NJ 07096-2485, USA, Fax +1.201.348-4505, orders@springer-ny.com, springeronline.com
Eastern Book Service, 3–13, Hongo 3-chome, Bunkyo-ku, Tokyo 113, Japan, Fax +81.3.38 18 08 64, orders@svt-ebs.co.jp
Preisänderungen und Irrtümer vorbehalten.

QUELLENNACHWEIS

Dipl.-Ing. Dr. Anton PECH – WIEN (A)
Autor und Herausgeber
Bilder: Titelbild, 040.2-02, 040.2-10, 040.2-12, 040.4-03, 040.5-11 und 12, 040.5-14
bis 17, 040.5-20, 040.6-12 bis 16

Univ.-Prof. Dipl.-Ing. Dr. Andreas KOLBITSCH – WIEN (A)
Autor

Dipl.-Ing. Dr. Karlheinz HOLLINSKY – WIEN (A)
Mitarbeit im Kapitel 5: Holzwände
Bilder: 040.4-29, 040.5-23, 040.5-26, 040.5-30, 040.5-36 und 37, 040.5-40

Dipl.-Ing. Dr. Christian PÖHN – WIEN (A)
Bauphysikalische Berechnungen

HR. Dipl.-Ing. Dr. Walter POTUCEK – WIEN (A)
Mitarbeit in den Kapiteln 3 und 4: Beton und Stahlbeton
Bilder: 040.4-13 und 14

Dipl.-Ing. Gerhard KOCH – WIEN (A)
Mitarbeit in den Kapiteln 1, 2, 4 und 6: Mauerwerk
Bilder: 040.2-01, 040.2-03 bis 09, 040.2-13, 040.2-14, 040.4-01 und 02, 040.6-01 bis
05

Dipl.-Ing. Birgit ECKER und Dipl.-Ing. Michaela WALTER – WIEN (A)
TU-Wien, Mitarbeit in den Kapiteln 1 bis 4

em. O.Univ.-Prof. Baurat hc. Dipl.-Ing. Dr. Alfred PAUSER – WIEN (A)
Fachtechnische Beratung und Durchsicht des Manuskripts

Dipl.-Ing. Dr. Franz ZACH und Leopold BERGER – WIEN (A)
Kritische Durchsicht des Manuskripts

Dipl.-Ing. Michael KOGLER – WIEN (A)
Kritische Durchsicht der Kapitel 1, 2, 4 und 6

Dir. i.R. techn. Rat Erich BERAUS – WIEN (A)
Kritische Durchsicht von Kapitel 3

Peter HERZINA – WIEN (A)
Layout, Zeichnungen, Bildformatierungen
Bilder: 040.3-10 bis 12, 040.3-14 bis 20, 040.3-23 bis 32, 040.4-04 bis 12, 040.4-15
bis 27, 040.5-05, 040.5-07, 040.5-09, 040.5-13, 040.5-18 und 19, 040.6-17 bis 21,
040.6-23 bis 28

Günther NEULINGER – FH-BAU WIEN (A)
Bilder: 040.5-06, 040.5-08, 040.5-31 bis 35, 040.5-38

Marco DANZINGER – FH-BAU WIEN (A)
Bilder: 040.6-22

Ing. Ulrike SCHWARZ – Fa. Holzbetriebe Vogl-Schwarz – DEUTSCH WAGRAM (A)
Bilder: 040.2-11, 040.6-06 und 07

Fa. Xella Porenbeton Österreich GmbH. – LOOSDORF (A)
Bilder: 040.2-18 bis 24, 040.6-08

Fa. KS-Info GmbH – HANNOVER (D)
Bilder: 040.2-25 bis 34, 040.6-09 bis 11

Verband österreichischer Beton- und Fertigteilwerke – WIEN (A)
Bilder: 040.3-01 bis 09

Fa. KLH Massivholz GmbH. – KATSCH/MUR (A)
Bilder: 040.4-28, 040.4-30, 040.5-01 bis 04, 040.5-10, 040.5-21 und 22, 040.5-24 und
25, 040.5-27 bis 29, 040.5-39

Fa. MABA – WÖLLERSDORF (A)
Bilder: 040.3-33 bis 39

Fa. Ebenseer Betonwerke GmbH. – GARTENAU (A)
Bilder: 040.2-15 bis 17

Fa. Durisol-Werke Ges.m.b.H. Nachfolge Kommanditgesellschaft – ACHAU (A)
Bilder: 040.3-13, 040.3-21 und 22

Bemessungsbeispiel für Mauerwerk (Kapitel 040.2):
  • CalcWall v 1.0.1 – Mauerwerksbemessung nach ÖNORM B 3350

LITERATURVERZEICHNIS

FACHBÜCHER

[1] *Bergmeister, Wörner*: Beton Kalender 2004-1. Ernst & Sohn, Berlin 2004.
[2] *Bergmeister, Wörner*: Beton Kalender 2004-2. Ernst & Sohn, Berlin 2004.
[3] *Blum, Brinkmann, Cordes, Diestelmeier, Ebbert, Meyer, Pikowski, Raab, Schaub, Schwieger*: Kalksandstein. Planung, Konstruktion, Ausführung. Bau+Technik GmbH, Düsseldorf 2003.
[4] *Dierks, Hermann, Schneider, Tietge, Wormuth*: Baukonstruktion. Werner-Verlag 1986.
[5] *Frick, Knöll, Neumann, Weinbrenner*: Baukonstruktionslehre Teil 1. Teubner, Stuttgart 1992.
[6] *Irschler, Jäger, Schubert*: Mauerwerk Kalender 2004. Ernst & Sohn, Berlin 2004.
[7] *KS-Info GmbH*: Kalksandstein. Planung, Konstruktion, Ausführung. Verlag Bau+Technik GmbH, Düsseldorf 2003.
[8] *Neumann, Hinz, Müller, Schulze*: Fenster im Bestand. Expert Verlag, Renningen 2003.
[9] *Pauser*: Beton im Hochbau. Handbuch für den konstruktiven Vorentwurf. Bau+Technik, Düsseldorf 1998.
[10] *Pech, Kolbitsch*: Baukonstruktionen Band 5: Decken. Springer, Wien.
[11] *Pech, Pöhn*: Baukonstruktionen Band 1: Bauphysik. Springer, Wien 2004.
[12] *Pech, Pommer, Zeininger*: Baukonstruktionen Band 13: Fassaden. Springer, Wien.
[13] *proHolz, Pischl*: Bemessung im Holzbau. Graz 2004.
[14] *Riccabona*: Baukonstruktonslehre 1 – Keller, Wände, Decken, Böden. Manz, Wien 1994.

VERÖFFENTLICHUNGEN

[15] *Deutscher Stahlbau-Verband DSTV*: Stahlbau Arbeitshilfe. Düsseldorf.
[16] *Eggemann*: Vereinfachte Bemessung von Verbundstützen im Hochbau. Technische Hochschule Aachen, Aachen. 25. Februar 2003.
[17] *Neulinger*: Passivhäuser – Erfahrungen aus der Praxis. Diplomarbeit – FH Campus Wien, Wien 2004.

SKRIPTEN

[18] *Pauser*: Hochbau. Band 2 der Schriftenreihe des Ordinariats für Hochbau. TU-Wien, Institut für Hochbau und Industriebau, Wien 1996.

GESETZE, RICHTLINIEN

[19] *Bauordnung für Oberösterreich*. Linz 1999.
[20] *Bauordnung für Vorarlberg*. Bregenz 2001.
[21] *Bauordnung für Wien*. Wien 2003.
[22] *Bautechnikgesetz Salzburg*. Salzburg 2003.
[23] *Burgenländisches Baugesetz*. Eisenstadt 1997.
[24] *Kärntner Bauordnung*. Klagenfurt 2001.
[25] *Niederösterreichische Bauordnung*. St. Pölten 2003.
[26] *Steiermärkisches Baugesetz*. Graz 2002.
[27] *Tiroler Bauordnung*. Innsbruck 2001.

NORMEN

[28] *DIN 1053*: Mauerwerk. Deutsches Institut für Normung, Berlin 1996-11.
[29] *DIN 1053-1*: Mauerwerk – Teil 1: Berechnung und Ausführung. Deutsches Institut für Normung, Berlin 1996-11.
[30] *DIN 1055-1*: Einwirkungen auf Tragwerke – Teil 1: Wichten und Flächenlasten von Baustoffen, Bauteilen und Lagerstoffen. Deutsches Institut für Normung, Berlin 2002-06.

[31] *DIN 4103-1*: Nichttragende innere Trennwände; Anforderungen, Nachweise. Deutsches Institut für Normung, Berlin 1984-07.

[32] *DIN 4226-1*: Gesteinskörnungen für Beton und Mörtel – Teil 1: Normale und schwere Gesteinskörnungen. Deutsches Institut für Normung, Berlin 2001-07.

[33] *DIN 4226-2*: Gesteinskörnungen für Beton und Mörtel – Teil 2: Leichte Gesteinskörnungen (Leichtzuschläge). Deutsches Institut für Normung, Berlin 2002-02.

[34] *DIN 18800*: Stahlbauten. Deutsches Institut für Normung, Berlin 1990-11.

[35] *DIN V 106*: Kalksandsteine. Deutsches Institut für Normung, Berlin 2003-02.

[36] *ENV 1996-1-1*: Eurocode 6: Bemessung und Konstruktion von Mauerwerksbauten – Teil 1-1: Allgemeine Regeln – Regeln für bewehrtes und unbewehrtes Mauerwerk. Österreichisches Normungsinstitut, Wien 1997-01-01.

[37] *ENV 1996-3*: Eurocode 6: Berechnung und Ausführung von Mauerwerk – Teil 3: Vereinfachte Berechnungsmethoden und einfache Regeln für Mauerwerk. Österreichisches Normungsinstitut, Wien 2000-07-01.

[38] *ÖNORM B 3200*: Mauerziegel – Anforderungen und Prüfungen – Klassifizierung und Kennzeichnung – Ergänzende Bestimmungen zur ÖNORM EN 771-1. Österreichisches Normungsinstitut, Wien 2004-09-01.

[39] *ÖNORM B 3206*: Hohl- und Vollblocksteine – Anforderungen und Prüfungen – Normkennzeichnung. Österreichisches Normungsinstitut, Wien 1996-08-01.

[40] *ÖNORM B 3209*: Porenbetonsteine – Anforderungen und Prüfungen – Klassifizierung und Normkennzeichnung – Ergänzende Bestimmungen zur ÖNORM EN 771-4. Österreichisches Normungsinstitut, Wien 2004-09-01.

[41] *ÖNORM B 3350*: Tragende Wände – Bemessung und Konstruktion. Österreichisches Normungsinstitut, Wien 2003-07-01.

[42] *ÖNORM B 3358-1*: Nichttragende Innenwandsysteme – Teil 1: Begriffsbestimmungen, Anforderungen, Prüfungen. Österreichisches Normungsinstitut, Wien 1995-01-01.

[43] *ÖNORM B 3358-2*: Nichttragende Innenwandsysteme – Teil 2: Systeme aus Ziegeln. Österreichisches Normungsinstitut, Wien 1996-09-01.

[44] *ÖNORM B 3358-3*: Nichttragende Innenwandsysteme – Teil 3: Systeme aus Betonsteinen aus Normal- oder Leichtbeton. Österreichisches Normungsinstitut, Wien. 1996-09-01.

[45] *ÖNORM B 3358-4*: Nichttragende Innenwandsysteme – Teil 4: Systeme aus Porenbeton. Österreichisches Normungsinstitut, Wien 1996-09-01.

[46] *ÖNORM B 3358-5*: Nichttragende Innenwandsysteme – Teil 5: Systeme aus Gips-Wandbauplatten. Österreichisches Normungsinstitut, Wien 1999-09-01.

[47] *ÖNORM B 3358-6*: Nichttragende Innenwandsysteme – Teil 6: Ständerwandsysteme mit Gipskartonplatten. Österreichisches Normungsinstitut, Wien 2002-06-01.

[48] *ÖNORM B 3358-7*: Nichttragende Innenwandsysteme – Teil 7: Systeme aus Mantelbeton. Österreichisches Normungsinstitut, Wien 1996-09-01.

[49] *ÖNORM B 3358-8*: Nichttragende Innenwandsysteme – Teil 8: Systeme aus Holzwolle- bzw. Holzspan-Dämmplatten. Österreichisches Normungsinstitut, Wien 1996-09-01.

[50] *ÖNORM B 3412*: Gipsdielen – Arten, Anforderungen, Prüfungen. Österreichisches Normungsinstitut, Wien 2000-04-01 (zurückgezogen).

[51] *ÖNORM B 3800-4*: Brandverhalten von Baustoffen und Bauteilen – Teil 4: Bauteile: Einreihung in die Brandwiderstandsklassen. Österreichisches Normungsinstitut, Wien 2000-05-01.

[52] *ÖNORM B 4012*: Belastungsannahmen im Bauwesen – Veränderliche Einwirkungen – Nutzlasten. Österreichisches Normungsinstitut, Wien 1997-04-01 (zurückgezogen).

[53] *ÖNORM B 4015*: Belastungsannahmen im Bauwesen – Außergewöhnliche Einwirkungen – Erdbebeneinwirkungen – Grundlagen und Berechnungsverfahren. Österreichisches Normungsinstitut, Wien 2002-06-01.

[54] *ÖNORM B 4200-9*: Stahlbetontragwerke – Berechnung und Ausführung (II). Österreichisches Normungsinstitut, Wien 1996-10-01 (zurückgezogen).

[55] *ÖNORM B 4300*: Stahlbau. Österreichisches Normungsinstitut, Wien 1994-03-01.

[56] *ÖNORM B 4700*: Stahlbetontragwerke – EUROCODE-nahe Berechnung, Bemessung und konstruktive Durchbildung. Österreichisches Normungsinstitut, Wien 2001-06-01.

[57] *ÖNORM B 4701*: Betonbauwerke – EUROCODE-nahe Berechnung, Bemessung und konstruktive Durchbildung. Österreichisches Normungsinstitut, Wien 2002-11-01.

[58] *ÖNORM B 4705*: Fertigteile aus Beton, Stahlbeton und Spannbeton und daraus hergestellte Tragwerke für vorwiegend ruhende Belastung. Österreichisches Normungsinstitut, Wien 2002-11-01.

[59] *ÖNORM EN 338*: Bauholz für tragende Zwecke – Festigkeitsklassen. Österreichisches Normungsinstitut, Wien 2003-07-01.

[60] *ÖNORM EN 771-1*: Festlegungen für Mauersteine – Teil 1: Mauerziegel. Österreichisches Normungsinstitut, Wien 2003-08-01.

[61] *ÖNORM EN 771-2*: Festlegungen für Mauersteine – Teil 2: Kalksandsteine. Österreichisches Normungsinstitut, Wien 2003-08-01.

[62] *ÖNORM EN 771-3*: Festlegungen für Mauersteine – Teil 3: Mauersteine aus Beton (mit dichten und porigen Zuschlägen). Österreichisches Normungsinstitut, Wien 2003-10-01.

[63] *ÖNORM EN 771-4*: Festlegungen für Mauersteine – Teil 4: Porenbetonsteine. Österreichisches Normungsinstitut, Wien 2003-10-01.

[64] *ÖNORM EN 845-1*: Festlegungen für Ergänzungsbauteile für Mauerwerk – Teil 1: Maueranker, Zugbänder, Auflager und Konsolen. Österreichisches Normungsinstitut, Wien 2003-07-01.

[65] *ÖNORM EN 845-2*: Festlegungen für Ergänzungsbauteile für Mauerwerk – Teil 2: Stürze. Österreichisches Normungsinstitut, Wien 2003-07-01.

[66] *ÖNORM EN 845-3*: Festlegungen für Ergänzungsbauteile für Mauerwerk – Teil 3: Lagerfugenbewehrung aus Stahl. Österreichisches Normungsinstitut, Wien 2003-07-01.

[67] *ÖNORM EN 998-2*: Festlegungen für Mörtel im Mauerwerksbau – Teil 2: Mauermörtel. Österreichisches Normungsinstitut, Wien 2003-08-01.

[68] *ÖNORM EN 1052-3*: Prüfverfahren für Mauerwerk – Teil 3: Bestimmung der Anfangsscherfestigkeit (Haftscherfestigkeit). Österreichisches Normungsinstitut, Wien 2002-10-01.

[69] *ÖNORM EN 1052-4*: Prüfverfahren für Mauerwerk – Teil 4: Bestimmung der Scherfestigkeit bei einer Feuchtesperrschicht. Österreichisches Normungsinstitut, Wien 2000-08-01.

[70] *ÖNORM EN 1990*: Eurocode – Grundlagen der Tragwerksplanung. Österreichisches Normungsinstitut, Wien 2003-03-01.

[71] *ÖNORM EN 1991-1-1*: Eurocode 1 – Einwirkungen auf Tragwerke – Teil 1-1: Allgemeine Einwirkungen – Wichten, Eigengewichte, Nutzlasten im Hochbau – Nationale Festlegungen zu ÖNORM EN 1991-1-1 und nationale Ergänzungen. Österreichisches Normungsinstitut, Wien 2003-03-01.

[72] *ÖNORM EN 1992-1-1*: Eurocode 2: Bemessung und Konstruktion von Stahlbeton- und Spannbetontragwerken – Teil 1-1: Grundlagen und Anwendungsregeln für den Hochbau (prEN 1992-1-1:2003, nicht beigelegt). Österreichisches Normungsinstitut, Wien 2004-04-01.

[73] *ÖNORM ENV 1992-1-6*: Eurocode 2: Planung von Stahlbeton- und Spannbetontragwerken – Teil 1-6: Allgemeine Regeln – Tragwerke aus unbewehrtem Beton. Österreichisches Normungsinstitut, Wien 1996-02-01.

[74] *ÖNORM EN 1993-1-1*: Eurocode 3: Bemessung und Konstruktion von Stahlbauten – Teil 1-1: Allgemeine Bemessungsregeln und Regeln für den Hochbau (prEN 1993-1-1:2003, nicht beigelegt). Österreichisches Normungsinstitut, Wien 2004-04-01.

[75] *ÖNORM EN 1994-1-1*: Eurocode 4: Bemessung und Konstruktion von Verbundtragwerken aus Stahl und Beton – Teil 1-1: Allgemeine Bemessungsregeln und Regeln für den Hochbau (prEN 1994-1-1:2004, nicht beigelegt). Österreichisches Normungsinstitut, Wien 2004-04-01.

[76] *ÖNORM EN 1995-1-1*: Eurocode 5 – Bemessung und Konstruktion von Holzbauten – Teil 1-1: Allgemeines – Allgemeine Regeln und Regeln für den Hochbau (EN 1995-1-1:2003, nicht beigelegt). Österreichisches Normungsinstitut, Wien 2004-05-01.

[77] *ÖNORM EN 1996-1-1*: Eurocode 6: Bemessung und Konstruktion von Mauerwerksbauten – Teil 1-1: Allgemeine Regeln für bewehrtes und unbewehrtes Mauerwerk. Österreichisches Normungsinstitut, Wien 2004-06-01.

PROSPEKTE

[78] *Bauhütte Leitl-Werke GmbH*. Eferding (A).

[79] *Donau Gips Handelsges.m.b.H.* Wien (A).

[80]   *Durisol-Werke Ges.m.b.H. Nachfolge Kommanditgesellschaft.* Achau (A).

[81]   *Ebenseer Betonwerke GmbH.* Gartenau (A).

[82]   *Franz Oberndorfer GmbH. & Co.* Gunskirchen (A).

[83]   *ISOSPAN GmbH.* Ramingstein (A).

[84]   *Knauf Ges.m.b.H.* Wien (A).

[85]   *Liapro Baustoffe GmbH.* Wien (A).

[86]   *MABA Fertigteilindustrie GmbH.* Wöllersdorf (A).

[87]   *proHolz Austria.* Wien (A).

[88]   *proHolz Austria*: Mehrgeschoßiger Holzbau in Österreich. Wien (A).

[89]   *Verband österreichischer Beton- und Fertigteilwerke*: Schulungsunterlagen. Wien. 1999.

[90]   *Wienerberger AG.* Wien (A).

[91]   *Xella Baustoffe GmbH.* Duisburg (D).

[92]   *Xella Porenbeton Österreich GmbH.* Loosdorf (A).

INTERNET

[93]   *KS-Info GmbH*: www.kalksandstein.de. Hannover (D).

[94]   *Verband österreichischer Ziegelwerke*: www.ziegel.at.

[95]   *Verband Schweizer Kalksandsteinproduzenten*: www.kalksandstein.ch. Lyss.

SACHVERZEICHNIS

SpringerArchitektur

Heinz Geza Ambrozy, Zuzana Giertlová

Planungshandbuch Holzwerkstoffe

Technologie – Konstruktion – Anwendung

2005. 261 Seiten. Zahlreiche Abbildungen.
Format: 21 x 27,7 cm
Gebunden **EUR 78,–,** sFr 129,–
ISBN 3-211-21276-0

Holzwerkstoffe sind Designprodukte der Zukunft – ihre fehlerfreie, sichere Verwendung setzt Vertrautheit mit dem Material voraus. Das wachsende Angebot an Holzwerkstoffen und neue innovative Holzkonstruktionen bringen die Notwendigkeit mit sich, die bautechnischen Regeln und konstruktiven Lösungen im Holzbau mit besonderer Aufmerksamkeit zu beachten.

Die Autoren stellen die Holzwerkstoffe sowohl in Bezug auf ihre konstruktiven Einsatzmöglichkeiten als tragende und aussteifende Bauelemente, als auch in ihren Auswirkungen auf die bauphysikalischen Eigenschaften der Konstruktion dar. Der Architekt und Bauschaffende findet schnell den geeigneten Holzwerkstoff für den gesuchten Einsatzbereich.

Das Handbuch ist reich mit Tabellen, Zeichnungen und Abbildungen realisierter Bauten ausgestattet.

⌂ Springer Wien New York

P.O. Box 89, Sachsenplatz 4–6, 1201 Wien, Österreich, Fax +43.1.330 24 26, books@springer.at, **springer.at**
Birkhäuser c/o SDC, Haberstraße 7, 69126 Heidelberg, Deutschland, Fax: +49.6221.345-4229, SDC-bookorder@springer-sbm.com
Chronicle Books, 85 Second Street, San Francisco, CA 94105, USA, Fax +1.800.858-7787, sales@papress.com
Preisänderungen und Irrtümer vorbehalten.

Springer und Umwelt